ARD-Ratgeber Recht

Herausgeber: Dr. Frank Bräutigam

RICHTIG REKLAMIEREN

Das Handbuch mit 134 Musterbriefen

SWR verbraucherzentrale

Eine Produktion des Südwestrundfunks in Zusammenarbeit mit den Verbraucherzentralen

Der Telefonanschluss lässt auf sich warten. Die gebuchte Pauschalreise entpuppt sich als Reinfall. Der Versicherer verweigert die Regulierung des Schadens. Die Bank verlangt für die Bearbeitung des Kredits ein Entgelt. Ein Klick im Internet beschwert ein kostenpflichtiges Abo. Der Handwerker will mehr Geld als im Kostenvoranschlag kalkuliert. Nach der Wohnungsmodernisierung soll sich die Miete erhöhen. Wer es versteht, bei den alltäglichen Verbraucherproblemen richtig zu reklamieren, kann seine Rechte auch wirkungsvoll durchsetzen. Der Ratgeber „Richtig reklamieren" ist dabei ein hilfreicher Wegweiser.

Ob überhöhte Vorauszahlungen bei Pauschalreisen verlangt werden, Zugverspätungen die Geduld der Fahrgäste überstrapazieren oder sich in der Betriebskostenabrechnung des Vermieters viele Unbekannte auftun: rechtliche Hilfestellungen sind gefragt, um sich gegen unberechtigte Forderungen zu wehren oder Entschädigungen wegen mangelhafter Leistungen einzufordern. Aber auch wenn der Handwerker pfuscht und der Kunde auf Nachbesserung pochen will, muss dieser seine Rechte kennen und Fristen zu deren Durchsetzung beachten.

„Richtig reklamieren" skizziert verständlich die jeweilige Rechtslage und hat mit mehr als 100 Checklisten und Musterbriefen praktische Hilfestellungen parat.

Dr. Otto N. Bretzinger ist Jurist und Journalist. Er ist als Autor zahlreicher Publikationen bekannt.

Dr. Otto N. Bretzinger

RICHTIG REKLAMIEREN

Vorsicht, Risiko!

Tipp, Ratschlag

Wichtig

Checkliste

Muster, Vorlage

Bibliografische Information der Deutschen Bibliothek
Die Deutsche Bibliothek verzeichnet diese Publikation in der Deutschen Nationalbibliografie; detaillierte bibliografische Daten sind im Internet über http://dnb.ddb.de abrufbar.

1. Auflage 2014, 8.000 Exemplare

Printed in Germany.
ISBN 978-3-86336-614-8

LIEBE LESERIN, LIEBER LESER, UND NATÜRLICH AUCH: LIEBE ZUSCHAUERIN, LIEBER ZUSCHAUER DES ARD-RATGEBERS RECHT,

das Recht gilt gemeinhin als eine trockene und komplizierte Angelegenheit. Da ist durchaus etwas dran. Trotzdem lautet meine Erfahrung und meine Überzeugung: Hinter jedem schwierigen Paragrafen, hinter jedem Urteil im Juristendeutsch der Gerichte verbergen sich fast immer die Geschichten, Probleme und Schicksale von Menschen – und zwar von Ihnen, liebe Leserinnen und Leser, liebes Publikum. Die schwierigen Paragrafen und ihre Folgen zu erklären, gleichzeitig aber die Geschichten der Menschen dahinter nicht zu vergessen, das ist das erklärte Ziel unserer Sendung „ARD-Ratgeber Recht".

Wohl kaum eine Redaktion im deutschen Fernsehen bekommt so viel Zuschauerpost mit konkreten „Hilferufen". Sie schildern uns Ihre Fälle und bitten uns in Briefen und E-Mails oft um Unterstützung. Dieses Vertrauen in unsere Arbeit ehrt uns sehr, und Ihre Probleme und Fragen sind uns ein wichtiges Anliegen. Allerdings müssen wir Ihnen oft auch antworten, dass wir Ihnen eine konkrete Rechtsberatung im Einzelfall leider nicht geben können und dürfen. Wir haben einen Programmauftrag, der darin besteht, rechtliche Fragen allgemein und leicht verständlich im Fernsehen aufzuarbeiten. Dafür nehmen wir dann gern Ihre konkreten Fälle als Beispiele und sind deshalb weiterhin für jede Zuschrift dankbar. Alles Weitere aber übersteigt in der Regel unsere Möglichkeiten – mit einer Ausnahme: der traditionsreichen Buchreihe zum ARD-Ratgeber Recht.

Damit können wir Ihnen – immer anknüpfend an die Themen unserer Sendungen – umfangreichere Informationen an die Hand geben; mehr, als wir im Fernsehen leisten können. Das Ziel der Reihe ist es, verständliche und erschwingliche Bücher zu den juristischen Themen der Sendung ARD-Ratgeber Recht anzubieten. Unsere erfahrenen Autoren wollen Sie im juristischen Alltagsdschungel an die Hand nehmen und Ihnen Orientierung bieten – mit gut verständlichen Erklärungen, einem klaren Aufbau und einem modernen Design. Hinzu kommen Musterbriefe, Tipps und viele Ratschläge.

Betreut wird die Buchreihe – wie auch die Sendung ARD-Ratgeber Recht – von der ARD-Rechtsredaktion des Südwestrundfunks (SWR) in Karlsruhe, der „Residenz des Rechts". Von dort aus produzieren wir den ARD-Ratgeber Recht und berichten darüber hinaus in den Nachrichtensendungen von ARD und SWR über „alles, was Recht ist". Ich würde mich freuen, wenn Sie diese Buchreihe wie unsere Arbeit auf dem Bildschirm weiterhin so freundlich und kritisch begleiten und uns die Treue halten!

Eine aufschlussreiche und angenehme Lektüre wünscht Ihnen

Dr. Frank Bräutigam,
Leiter der ARD-Rechtsredaktion, Karlsruhe

INHALT

01 RICHTIG REKLAMIEREN GEGENÜBER DEM VERKÄUFER

02 RICHTIG REKLAMIEREN GEGENÜBER HANDWERKERN UND KUNDENDIENSTEN

08 RICHTIG REKLAMIEREN GEGENÜBER DEM REISEVERANSTALTER

09 RECHT HABEN UND RECHT BEKOMMEN

RICHTIG REKLAMIEREN GEGENÜBER DEM VERKÄUFER

01

Beim Einkauf im Supermarkt oder am Kiosk, bei der Anschaffung eines Autos oder eines Fernsehgeräts, beim Kauf an der Haustür oder bei der Mitgliedschaft im Buchclub: Immer kommt ein Kaufvertrag zustande. Was aber tun, wenn man einen Kauf rückgängig machen will, die gekaufte Ware Mängel aufweist, der Verkäufer nicht rechtzeitig liefert oder nachträglich den Kaufpreis erhöhen will? Das Gesetz räumt dem Käufer umfangreiche Möglichkeiten zur Durchsetzung seiner Rechte ein. Wie Sie diese wirkungsvoll wahrnehmen, erfahren Sie in diesem Kapitel.

RECHTE DES KÄUFERS BEIM ABSCHLUSS DES KAUFVERTRAGS

Tipp

Weitere Informationen über die Rechte und Pflichten des Käufers bietet der Ratgeber „Meine Rechte bei Kauf und Reklamation" der Verbraucherzentralen (www.vz-ratgeber.de).

WENN EIN MINDERJÄHRIGER EINEN KAUFVERTRAG ABSCHLIESST

Vom 7. bis zum vollendeten 18. Lebensjahr sind Minderjährige beschränkt geschäftsfähig. Von Minderjährigen abgeschlossene Kaufverträge sind ohne Einwilligung der Eltern unwirksam (§ 107 BGB). Die Eltern können dem Vertrag jedoch nachträglich zustimmen oder ihn auch ablehnen. Ausnahmsweise sind Kaufverträge Minderjähriger jedoch auch ohne Zustimmung der Eltern wirksam. Dies gilt, wenn sie die gekauften Dinge aus Mitteln bezahlt haben, die die Eltern ihnen zu diesem Zweck gegeben haben oder die mit dem Geld gekauft wurden, das ihnen zur freien Verfügung (als Taschengeld) überlassen worden ist (§ 110 BGB). Wegen der von Internetabzockern gegenüber Minderjährigen geltend gemachten Forderungen vgl. Seite 159 ff.

Checkliste: So reklamieren Sie unwirksame Verträge Minderjähriger richtig

- Weisen Sie darauf hin, dass Ihre Tochter bzw. Ihr Sohn zum Zeitpunkt des Vertragsabschlusses noch minderjährig war und der Kaufvertrag somit nicht zustande gekommen ist.
- Erklären Sie, dass keine Zustimmung der Eltern vorliegt und diese auch nicht erteilt wird.
- Verlangen Sie, dass aufgrund des unwirksamen Kaufvertrags keine Lieferungen erfolgen.

Musterbrief: Unwirksamer Kaufvertrag mit Minderjährigen

Am ... haben Sie mit unserer Tochter/unserem Sohn ... einen Kaufvertrag über ... abgeschlossen. Zum Zeitpunkt des Vertragsabschlusses war unsere Tochter/unser Sohn allerdings noch minderjährig. Der Kaufvertrag ist demnach nicht wirksam zustande gekommen.

Unsere Einwilligung als gesetzliche Vertreter lag nicht vor. Wir sind auch nicht bereit, diese nach Vertragsabschluss zu erteilen.

Wir fordern Sie hiermit auf, keine [weiteren] Lieferungen zu veranlassen und alle Daten zu löschen, die sich auf den Kaufvertrag beziehen.

01

WENN UNBESTELLTE WAREN ZUGESCHICKT WERDEN

Es ist eine beliebte Methode des Direktmarketings, Waren unaufgefordert zuzuschicken und eine Rechnung beizufügen. Scheinbar clevere Geschäftsleute versuchen so, Verbraucher in Kaufverträge zu verstricken und die Bezahlung der Ware zu verlangen.

Ein Versandhaus schickt Ihnen ein Buch mitsamt Rechnung. Im Begleitschreiben heißt es: „Wenn Sie diese Ware nicht bis zum ... zurückschicken oder uns bis zum ... Bescheid geben, dass Sie die Ware nicht behalten wollen, kommt ein Kaufvertrag zustande. Der in der beigefügten Rechnung genannte Kaufpreis wird dann zur Zahlung fällig."

Kein Vertragsabschluss

Solche Methoden sollten keinesfalls zum Vertragsabschluss verleiten. Auch sollte der geforderte Kaufpreis nicht gezahlt werden. Denn wird unbestellte Ware zugesandt, kommt nach § 241a Abs. 1 BGB kein Kaufvertrag zustande. Der Empfänger kann die Ware also nach Belieben benutzen oder vernichten. Er ist auch nicht verpflichtet, den Unternehmer darüber zu unterrichten, dass er die Ware nicht kaufen möchte. Denn Verbraucherverträge können nicht durch Stillschweigen zustande kommen – und zwar auch dann nicht, wenn der Unternehmer etwas anderes erklärt. Der Empfänger ist weder verpflichtet

Tipp

Auf die Zahlungsaufforderung des Anbieters müssen Sie nicht reagieren. Schicken Sie die unbestellte Ware nicht zurück, auch nicht unfrei. Eine Rücksendung ohne vorherige Zustimmung des Unternehmers birgt die Gefahr, dass die Annahme verweigert und Sie zur Rücknahme des Paketes und zur Zahlung der Portokosten aufgefordert werden. Erst auf ein Mahnschreiben des Anbieters sollten Sie reagieren.

die Ware aufzubewahren noch sie zurückzusenden. Er ist nicht einmal verpflichtet, die Ware an den Unternehmer wieder herauszugeben.

Checkliste: So reagieren Sie auf ein Mahnschreiben des Anbieters richtig

- Weisen Sie den Anbieter darauf hin, dass Sie die übersandte Ware nicht bestellt haben.
- Stellen Sie eindeutig klar, dass kein Kaufvertrag zustande gekommen ist.
- Lehnen Sie sowohl die Zahlung des Kaufpreises als auch etwaige Mahn- und Inkassokosten ab.

Musterbrief: Reaktion auf Mahnschreiben des Anbieters

Ich habe die mir übersandte Ware nicht bestellt. Ein wirksamer Kaufvertrag ist nicht zustande gekommen. Unter Bezugnahme auf § 241a BGB lehne ich sowohl die Zahlung des Kaufpreises als auch etwaige Mahn- und Inkassokosten ab.

WENN DER ABSCHLUSS EINES KAUFVERTRAGS BEHAUPTET WIRD

Nachweis erforderlich

Gelegentlich wird von Anbietern behauptet, dass ein Kaufvertrag abgeschlossen worden sei und dem Verbraucher eine Rechnung übermittelt, die dieser nicht nachvollziehen kann. In diesem Fall muss der Unternehmer beweisen, dass ein Kaufvertrag wirksam zustande gekommen ist. Deshalb sollte er aufgefordert werden, den behaupteten Kaufvertrag oder eine Vertragskopie vorzulegen. Auf keinen Fall (auch nicht nach einer entsprechenden Mahnung) sollte der in Rechnung gestellte „Kaufpreis“ ohne weiteres gezahlt werden. Wegen der von Internetabzockern geltend gemachten Forderungen vgl. Seite 157 ff.

Checkliste: So reagieren Sie auf einen angeblichen Vertragsschluss richtig

- Weisen Sie vorsorglich die geltend gemachte Forderung schriftlich zurück.
- Verlangen Sie einen Nachweis darüber, wie der angebliche Kaufvertrag zustande gekommen sein soll.
- Setzen Sie eine Frist, innerhalb derer Sie die entsprechenden Unterlagen erwarten.

Musterbrief: Reaktion auf angeblichen Kaufvertrag

Mit Schreiben vom … verlangen Sie die Zahlung des Kaufpreises von … Euro für … [Bezeichnung des Kaufgegenstands]. Ihre Forderung kann ich aber nicht nachvollziehen. Deshalb weise ich sie vorsorglich zurück.
Ich bitte Sie, mir eine Kopie des behaupteten Kaufvertrags zuzusenden bzw. mitzuteilen, wie dieser zustande gekommen ist. Danach werde ich den Vorgang und Ihre Forderung prüfen.

Bitte überlassen Sie mir die Unterlagen bis spätestens …

Widerspruchsformular

Wird der behauptete Kaufvertrag nicht vorgelegt, muss der Betroffene erst wieder reagieren, wenn er einen gerichtlichen Mahnbescheid erhält. In diesem Fall muss der Geldforderung auf dem Widerspruchsformular, das dem Mahnbescheid beiliegt, innerhalb von zwei Wochen widersprochen werden (vgl. dazu Seite 216 ff.).

WENN DER KÄUFER DEN KAUF RÜCKGÄNGIG MACHEN WILL

Ein einmal geschlossener Kaufvertrag ist in der Regel verbindlich. Gleichwohl gibt es Möglichkeiten, sich von einem wirksamen Kaufvertrag wieder zu lösen. Bei bestimmten Kaufverträgen hat der Käufer ein gesetzliches Widerrufsrecht. Durch

Widerruf kann sich der Käufer einseitig vom Kaufvertrag lösen (vgl. unten).

Vom Kaufvertrag zurücktreten kann der Käufer – unter weiteren Voraussetzungen –, wenn der Kaufgegenstand einen Mangel aufweist (vgl. Seite 40 f.) oder die bestellte Ware nicht rechtzeitig geliefert wird (vgl. Seite 34 f.).

Wenn der Käufer den Kaufvertrag widerrufen will

Neue Rechtslage ab Juni 2014

Grundsätzlich ist jeder abgeschlossene Kaufvertrag einzuhalten, es sei denn, der Verkäufer zeigt sich kulant und gewährt von sich aus ein Umtausch- oder Rückgaberecht. Das Gesetz räumt allerdings ein Widerrufsrecht ein, wenn Kaufverträge auf unübliche Weise, unter unüblichen Umständen oder an einem unüblichen Ort abgeschlossen werden oder wenn der Käufer die dabei einzugehenden rechtlichen und finanziellen Verpflichtungen nicht auf Anhieb überblicken kann. Die folgende Darstellung des Widerrufsrechts berücksichtigt die ab 13. Juni 2014 geltende Rechtslage.

Ein gesetzliches Widerrufsrecht steht dem Verbraucher unter anderem zu bei

- außerhalb von Geschäftsräumen abgeschlossenen Verträgen,
- Fernabsatzverträgen,
- Abzahlungskäufen und
- Ratenlieferverträgen.

Der Widerruf muss gegenüber dem Anbieter erklärt werden. Aus der Erklärung muss ausdrücklich hervorgehen, dass der Kunde zum Widerruf des Vertrags entschlossen ist. Der Widerruf bedarf keiner Begründung. Textform ist nicht erforderlich, aus Beweisgründen jedoch empfehlenswert. Eine kommentarlose Rücksendung der Ware an den Unternehmer ist für die Ausübung des Widerrufsrechts allerdings nicht ausreichend.

Der Anbieter kann auf seiner Webseite ein Widerrufsformular zum Ausfüllen und Übermitteln bereitstellen. Macht der Verbraucher von dieser Möglichkeit Gebrauch, muss der Unternehmer ihm den Zugang des Widerrufs unverzüglich auf einem dauerhaften Datenträger bestätigen.

Muster-Widerrufsformular

(Wenn Sie den Vertrag widerrufen wollen, dann füllen Sie bitte dieses Formular aus und senden Sie es zurück.)

An ... [hier ist der Name, die Anschrift und gegebenenfalls die Faxnummer und E-Mail-Adresse des Unternehmers durch den Unternehmer einzufügen]:

Hiermit widerrufe(n) ich/wir (*) den von mir/uns (*) abgeschlossenen Vertrag über den Kauf der folgenden Waren (*)/ die Erbringung der folgenden Dienstleistung (*)

Bestellt am (*)/erhalten am (*)

Name des/der Verbraucher(s)

Anschrift des/der Verbraucher(s)

Unterschrift des/der Verbraucher(s) (nur bei Mitteilung auf Papier)

Datum

(*) Unzutreffendes streichen.

Widerruf von außerhalb von Geschäftsräumen abgeschlossenen Verträgen

Außerhalb von geschlossenen Geschäftsräumen geschlossene Verträge sind unter anderem Verträge (§ 312a Abs. 1 BGB), die

- bei gleichzeitiger körperlicher Anwesenheit des Verbrauchers und des Unternehmers an einem Ort geschlossen werden, der kein Geschäftsraum des Unternehmers ist, z.B. in einer Privatwohnung oder am Arbeitsplatz,

- in den Geschäftsräumen des Unternehmers oder durch Fernkommunikationsmittel geschlossen werden, bei denen der Verbraucher jedoch unmittelbar zuvor außerhalb der Geschäftsräume bei gleichzeitiger körperlicher Anwesenheit des Verbrauchers und des Unternehmers persönlich und individuell angesprochen wurde (z.B. Ansprechen des Verbrauchers im öffentlichen Verkehrsraum vor dem Geschäft des Unternehmers), oder
- auf einem Ausflug geschlossen werden, der von dem Unternehmer oder mit seiner Hilfe organisiert wurde, um beim Verbraucher für den Verkauf von Waren oder die Erbringung von Dienstleistungen zu werben und mit ihm entsprechende Verträge abzuschließen (hierunter fallen insbesondere die klassischen „Kaffeefahrten").

Ausnahmen

Käufer können einen außerhalb von geschlossenen Geschäftsräumen geschlossenen Kaufvertrag widerrufen. Nur in wenigen Ausnahmefällen ist das Widerrufsrecht gesetzlich ausgeschlossen, so z.B. bei der Lieferung von Waren, die nicht vorgefertigt sind und die nach einer individuellen Auswahl oder Bestimmung des Kunden hergestellt wurden oder die eindeutig auf dessen persönlichen Bedürfnisse zugeschnitten sind (vgl. § 312g BGB). Ausgeschlossen ist das Widerrufsrecht auch bei Leistungen, die bei Abschluss der Verhandlungen sofort erbracht und bezahlt werden und weniger als 40 Euro kosten (§ 312 Abs. 2 Nr. 12 BGB).

Checkliste: So widerrufen Sie einen Vertrag richtig

- Erklären Sie den Widerruf aus Beweisgründen schriftlich. Oder nutzen Sie das Widerrufsformular auf der Webseite des Unternehmens.
- Bringen Sie in Ihrer Widerrufserklärung eindeutig und zweifelsfrei zum Ausdruck, dass Sie den abgeschlossenen Vertrag widerrufen.

- Erklären Sie den Widerruf innerhalb von 14 Tagen. Die Widerrufsfrist beginnt, sobald Sie die Ware erhalten haben. Zur Wahrung der Widerrufsfrist genügt es, wenn Sie den Widerruf rechtzeitig absenden.
- Verlangen Sie eine bereits geleistete Anzahlung zurück. Setzen Sie eine Frist für die Rückzahlung.

Musterbrief: Widerruf bei noch nicht erhaltener Ware

Am ... habe ich bei Ihnen ... [Bezeichnung der Ware] bestellt/gekauft. Ich widerrufe hiermit meine Vertragserklärung und bitte Sie, mir den Eingang des Widerrufs schriftlich zu bestätigen.

Falls dennoch eine Lieferung erfolgt, werde ich die Annahme verweigern.

[zusätzlich bei bereits erfolgter Anzahlung]

Bitte überweisen Sie mir die geleistete Anzahlung von ... Euro bis spätestens zum ... auf mein Konto ...

Musterbrief: Widerruf bei bereits erhaltener Ware

Am ... habe ich bei Ihnen ... (Bezeichnung der Ware) bestellt/gekauft. Ich widerrufe hiermit meine Vertragserklärung und bitte Sie, mir den Eingang des Widerrufs schriftlich zu bestätigen.

Die Ware werde ich an Sie zurückschicken.

[zusätzlich bei bereits erfolgter Anzahlung].

Bitte überweisen Sie mir die geleistete Anzahlung von ... Euro auf mein Konto ...

Informationspflichten

Bei einem außerhalb von Geschäftsräumen abgeschlossenen Vertrag hat der Anbieter gegenüber dem Verbraucher bestimmte Informationspflichten (§ 312d BGB) zu erfüllen. So ist dieser z.B. über wesentliche Eigenschaften der Ware, die Zahlungs-, Liefer- und Leistungsbedingungen und bestehende Mängelhaftungsrechte (vgl. dazu Seite 36 ff.) zu informieren. Ferner müssen ihm die Bedingungen, die Fristen und das Verfahren für die Ausübung seines Widerrufsrechts mitgeteilt werden. Erfüllt der Anbieter diese Informationspflichten nicht, so beginnt die Widerrufsfrist nicht zu laufen. Der Widerruf kann also auch noch nach 14 Tagen erfolgen. Das Widerrufsrecht erlischt aber spätestens zwölf Monate und 14 Tage nach dem regelmäßigen Fristbeginn für den Widerruf (§ 356 Abs. 6 BGB).

Checkliste: So widerrufen Sie einen Vertrag wegen Verletzung von Informationspflichten richtig

- Erklären Sie den Widerruf aus Beweisgründen schriftlich. Oder nutzen Sie das Widerrufsformular auf der Webseite des Unternehmens.
- Bringen Sie in Ihrer Widerrufserklärung eindeutig und zweifelsfrei zum Ausdruck, dass Sie den abgeschlossenen Vertrag widerrufen.
- Begründen Sie, warum die Widerrufsfrist noch nicht begonnen hat. Erklären Sie den Widerruf spätestens zwölf Monate und 14 Tage nach dem regelmäßigen Fristbeginn für den Widerruf.
- Verlangen Sie eine bereits geleistete Anzahlung zurück. Setzen Sie eine Frist für die Rückzahlung.

Musterbrief: Widerruf bei Verletzung der Informationspflichten

Am … habe ich bei Ihnen … [Bezeichnung der Ware] bestellt/gekauft. Ich widerrufe hiermit meine Vertragserklärung und bitte Sie, mir den Eingang des Widerrufs schriftlich zu bestätigen.

Falls dennoch eine Lieferung erfolgt, werde ich die Annahme verweigern.

Der Widerruf ist auch jetzt noch möglich, weil … [Angabe des Grundes, z.B. weil nicht alle Informationspflichten erfüllt wurden oder keine ordnungsgemäße Widerrufsbelehrung erfolgte]. Die Widerrufsfrist von 14 Tagen hat also noch nicht zu laufen begonnen.

[zusätzlich bei bereits erfolgter Anzahlung]

Bitte überweisen Sie mir die geleistete Anzahlung von … Euro bis spätestens zum … auf mein Konto …

Widerruf eines Fernabsatzvertrags

Fernabsatzverträge sind Verträge, bei denen der Anbieter oder eine in seinem Namen oder Auftrag handelnde Person und der Käufer (Verbraucher) beim Vertragsschluss ausschließlich Fernkommunikationsmittel, also Briefe, Kataloge, Telefonanrufe, E-Mails, SMS sowie Rundfunk und Telemedien verwenden. Kein Fernabsatzvertrag liegt vor, wenn der Vertragsschluss nicht im Rahmen eines für den Fernabsatz organisierten Vertriebs- oder Dienstleistungssystems erfolgt (§ 312b BGB). Verkauft z.B. ein Unternehmer nur gelegentlich seine Ware aufgrund einer telefonischen Bestellung, dann kommen die Regelungen über Fernabsatzverträge nicht zur Anwendung. Anders wäre die Rechtslage, wenn der Unternehmer gezielt mit der Möglichkeit von Bestellungen auf diesem Wege werben würde.

Ausnahmen

Ein Fernabsatzvertrag kann vom Käufer (Verbraucher) widerrufen werden. Nur in wenigen Ausnahmefällen ist das Widerrufsrecht gesetzlich ausgeschlossen, so z.B. bei der Lieferung von Waren, die nicht vorgefertigt sind und für deren Herstellung eine individuelle Auswahl oder Bestimmung durch den Verbraucher maßgeblich ist oder die eindeutig auf die persönlichen Bedürfnisse des Verbrauchers zugeschnitten sind. Auch wenn die Versiegelung von Ton- oder Videoaufnahmen oder Computersoftware entfernt wurde oder bei der Lieferung von Zeitungen, Zeitschriften oder Illustrierten – mit Ausnahme von Abonnementverträgen (vgl. § 312g BGB) – gibt es kein Widerrufsrecht.

Checkliste: So widerrufen Sie richtig

- Erklären Sie den Widerruf aus Beweisgründen schriftlich. Oder nutzen Sie das Widerrufsformular auf der Webseite des Anbieters.
- Bringen Sie in Ihrer Widerrufserklärung eindeutig und zweifelsfrei zum Ausdruck, dass Sie den abgeschlossenen Vertrag widerrufen.
- Erklären Sie den Widerruf innerhalb von 14 Tagen. Die Widerrufsfrist beginnt, sobald Sie die Ware erhalten haben. Zur Wahrung der Widerrufsfrist genügt es, wenn Sie den Widerruf rechtzeitig absenden.
- Verlangen Sie eine bereits geleistete Anzahlung zurück. Setzen Sie eine Frist für die Rückzahlung.

Musterbrief: Widerruf bei noch nicht erhaltener Ware

Am ... habe ich bei Ihnen per ... [Bezeichnung des Fernkommunikationsmittels] ... [Bezeichnung der Ware] bestellt/gekauft. Ich widerrufe hiermit meine Vertragserklärung und bitte Sie, mir den Eingang des Widerrufs schriftlich zu bestätigen.

Falls dennoch eine Lieferung erfolgt, werde ich die Annahme verweigern.

[zusätzlich bei bereits erfolgter Anzahlung]

Bitte überweisen Sie mir die geleistete Anzahlung von ... Euro bis spätestens zum ... auf mein Konto ...

Musterbrief: Widerruf bei bereits erhaltener Ware

Am ... habe ich bei Ihnen per ... [Bezeichnung des Fernkommunikationsmittels] ... [Bezeichnung der Ware] bestellt/gekauft. Ich widerrufe hiermit meine Vertragserklärung und bitte Sie, mir den Eingang des Widerrufs schriftlich zu bestätigen.

Die Ware werde ich an Sie zurückschicken.

[zusätzlich bei bereits erfolgter Anzahlung]

Bitte überweisen Sie mir die geleistete Anzahlung von ... Euro bis spätestens zum ... auf mein Konto ...

Informationspflichten

Bei einem Fernabsatzvertrag hat der Unternehmer gegenüber dem Verbraucher bestimmte Informationspflichten (§ 312d BGB). So ist der Verbraucher z.B. über wesentliche Eigenschaften der Ware, die Zahlungs-, Liefer- und Leistungsbedingungen und bestehende Mängelhaftungsrechte (vgl. dazu Seite 36 ff.) zu informieren. Ferner müssen ihm die Bedingungen, die Fristen und das Verfahren für die Ausübung seines Widerrufsrechts mitgeteilt werden. Erfüllt der Anbieter diese Informationspflichten nicht, so beginnt die Widerrufsfrist nicht zu laufen. Der Widerruf kann also auch noch nach der 14-Tage-Frist erfolgen. Das Widerrufsrecht erlischt aber spätestens zwölf Monate und 14 Tage nach dem regelmäßigen Fristbeginn für den Widerruf (§ 356 Abs. 6 BGB).

Checkliste: So widerrufen Sie bei Verletzung von Informationspflichten richtig

- Erklären Sie den Widerruf aus Beweisgründen schriftlich. Oder nutzen Sie das Widerrufsformular auf der Webseite des Anbieters.
- Bringen Sie in Ihrer Widerrufserklärung eindeutig und zweifelsfrei zum Ausdruck, dass Sie den abgeschlossenen Vertrag widerrufen.
- Begründen Sie, warum die Widerrufsfrist noch nicht begonnen hat. Erklären Sie den Widerruf spätestens zwölf Monate und 14 Tage nach dem regelmäßigen Fristbeginn für den Widerruf.
- Verlangen Sie eine bereits geleistete Anzahlung zurück. Setzen Sie eine Frist für die Rückzahlung.

Musterbrief: Widerruf bei Verletzung der Informationspflichten

Am ... habe ich bei Ihnen per ... [Bezeichnung des Fernkommunikationsmittels] ... [Bezeichnung der Ware] bestellt/gekauft. Ich widerrufe hiermit meine Vertragserklärung und bitte Sie, mir den Eingang des Widerrufs schriftlich zu bestätigen.

Falls dennoch eine Lieferung erfolgt, werde ich die Annahme verweigern.

Der Widerruf ist auch jetzt noch möglich, weil ... [Angabe des Grundes, z.B. weil nicht alle Informationspflichten erfüllt wurden oder keine ordnungsgemäße Widerrufsbelehrung erfolgte]. Die Widerrufsfrist von 14 Tagen hat also noch nicht zu laufen begonnen.

[zusätzlich bei bereits erfolgter Anzahlung]

Bitte überweisen Sie mir die geleistete Anzahlung von ... Euro bis spätestens zum ... auf mein Konto ...

Widerruf eines Teilzahlungskaufs

Ein Teilzahlungskauf ist ein Kaufvertrag, bei dem der Verkäufer (Anbieter) eine Ware liefert und der Käufer (Verbraucher) den Kaufpreis in Raten entrichtet. Um den Käufer angesichts der erleichterten Finanzierungsmöglichkeit vor unüberlegten Verpflichtungen zu schützen, schreibt das Gesetz – von wenigen Ausnahmefällen abgesehen – besondere Aufklärungs- und Widerrufsrechte vor.

Tipp

Der Teilzahlungskauf bedarf der Schriftform. Wird diese nicht eingehalten, ist der Vertrag nichtig.

Bei einem Teilzahlungskauf steht dem Käufer ein gesetzliches Widerrufsrecht zu. Damit wird er vor vertraglichen Bindungen geschützt, die er unter Umständen übereilt und ohne deren Vor- und Nachteile abzuwägen oder – bei kompliziert gestalteten Verträgen – eingegangen ist, ohne deren Folgen zu überblicken.

Checkliste: So widerrufen Sie den Teilzahlungskauf richtig

- Erklären Sie den Widerruf aus Beweisgründen schriftlich. Oder nutzen Sie das Widerrufsformular auf der Webseite des Anbieters.
- Bringen Sie in Ihrer Widerrufserklärung eindeutig und zweifelsfrei zum Ausdruck, dass Sie den abgeschlossenen Vertrag widerrufen.
- Erklären Sie den Widerruf innerhalb von 14 Tagen. Die Widerrufsfrist beginnt, sobald Sie die Ware erhalten haben. Zur Wahrung der Widerrufsfrist genügt es, wenn Sie den Widerruf rechtzeitig absenden.
- Verlangen Sie eine bereits geleistete Anzahlung zurück. Setzen Sie eine Frist für die Rückzahlung.

Musterbrief: Widerruf bei noch nicht erhaltener Ware

Am ... habe ich bei Ihnen ... [Bezeichnung der Ware] bestellt/gekauft. Im Kaufvertrag haben wir Ratenzahlung vereinbart. Ich widerrufe hiermit meine Vertragserklärung und bitte Sie, mir den Eingang des Widerrufs schriftlich zu bestätigen.

Falls dennoch eine Lieferung erfolgt, werde ich die Annahme verweigern.

[zusätzlich bei bereits erfolgter Anzahlung]

Bitte überweisen Sie mir die geleistete Anzahlung von ... Euro bis spätestens zum ... auf mein Konto ...

Musterbrief: Widerruf bei bereits erhaltener Ware

Am ... habe ich bei Ihnen ... [Bezeichnung der Ware] bestellt/gekauft. Im Kaufvertrag haben wir Ratenzahlung vereinbart. Ich widerrufe hiermit meine Vertragserklärung und bitte Sie, mir den Eingang des Widerrufs schriftlich zu bestätigen.

Die Ware werde ich an Sie zurückschicken.

[zusätzlich bei bereits erfolgter Anzahlung]

Bitte überweisen Sie mir die geleistete Anzahlung von ... Euro bis spätestens zum ... auf mein Konto ...

Pflichtangaben

Der Vertrag muss bestimmte Angaben enthalten, unter anderem den effektiven Jahreszins, den Barzahlungs- und den Teilzahlungspreis. Andernfalls beginnt die Widerrufsfrist des Käufers erst, wenn der Anbieter diese Angaben nachgeholt hat. In diesem Fall beträgt die Widerrufsfrist einen Monat (§ 356b Abs. 2 BGB).

Checkliste: So widerrufen Sie wegen Verletzung von Informationspflichten richtig

- Erklären Sie den Widerruf aus Beweisgründen schriftlich. Oder nutzen Sie das Widerrufsformular auf der Webseite des Anbieters.
- Bringen Sie in Ihrer Widerrufserklärung eindeutig und zweifelsfrei zum Ausdruck, dass Sie den abgeschlossenen Vertrag widerrufen.
- Begründen Sie, warum die Widerrufsfrist noch nicht begonnen hat. Erklären Sie den Widerruf spätestens einen Monat, nachdem Ihnen der Verkäufer alle vertraglichen Pflichtangaben vollständig mitgeteilt hat.
- Verlangen Sie eine bereits geleistete Anzahlung zurück. Setzen Sie eine Frist für die Rückzahlung.

Musterbrief: Widerruf bei Verletzung der Informationspflichten

Am ... habe ich bei Ihnen ... [Bezeichnung der Ware] bestellt/gekauft. Im Kaufvertrag haben wir Ratenzahlung vereinbart. Ich widerrufe hiermit meine Vertragserklärung und bitte Sie, mir den Eingang des Widerrufs schriftlich zu bestätigen.

Falls dennoch eine Lieferung erfolgt, werde ich die Annahme verweigern.

Der Widerruf ist auch jetzt noch möglich, weil ... [Angabe des Grundes, weil der Vertrag nicht alle gesetzlichen Pflichtangaben enthält]. Die Widerrufsfrist von 14 Tagen hat also noch nicht zu laufen begonnen.

[zusätzlich bei bereits erfolgter Anzahlung]

Bitte überweisen Sie mir die geleistete Anzahlung von ... Euro bis spätestens zum ... auf mein Konto ...

Widerruf eines Ratenliefervertrags

Ratenlieferverträge zwischen einem Verkäufer (Anbieter) und einem Käufer (Verbraucher) können in drei Formen vorliegen (§ 510 BGB):

- Der Vertrag kann die Lieferung mehrerer als zusammenhängend verkaufter Sachen in Teilleistungen zum Gegenstand haben. Das Entgelt für die Gesamtheit der Sachen ist in Teilzahlungen zu entrichten. Ein solcher Vertrag liegt z. B. bei der Bestellung eines mehrbändigen Lexikons vor, das jeweils bei der Lieferung eines Bandes zu bezahlen ist.
- Um einen Ratenliefervertrag handelt es sich auch, wenn der Vertrag die regelmäßige Lieferung von Sachen gleicher Art zum Gegenstand hat (z. B. Abonnementverträge über Zeitungen oder Zeitschriften).
- Schließlich geht es um einen Ratenliefervertrag, wenn sich der Käufer zum wiederkehrenden Erwerb oder Bezug von Sachen verpflichtet (z. B. Mitgliedschaft in einem Buchclub).

Der Ratenliefervertrag bedarf der Schriftform. Diese Form ist aber entbehrlich, wenn der Käufer die Vertragsbestimmungen bei Vertragsabschluss abrufen und in wiedergabefähiger Form speichern kann.

Ein Ratenliefervertrag kann vom Käufer widerrufen werden (§ 510 Abs. 2 BGB). Nur in wenigen Ausnahmefällen ist das Widerrufsrecht gesetzlich ausgeschlossen, so z.B. wenn die Summe aller vom Käufer bis zum frühestmöglichen Kündigungszeitpunkt zu entrichtenden Teilzahlungen weniger als 200 Euro beträgt (§§ 510 Abs. 3, 491 Abs. 2 BGB).

Checkliste: So widerrufen Sie den Ratenliefervertrag richtig

- Erklären Sie den Widerruf aus Beweisgründen schriftlich. Oder nutzen Sie das Widerrufsformular auf der Webseite des Anbieters.
- Bringen Sie in Ihrer Widerrufserklärung eindeutig und zweifelsfrei zum Ausdruck, dass Sie den abgeschlossenen Vertrag widerrufen.
- Erklären Sie den Widerruf innerhalb von 14 Tagen. Zur Wahrung der Widerrufsfrist genügt es, wenn Sie den Widerruf rechtzeitig absenden.
- Verlangen Sie eine bereits geleistete Anzahlung zurück. Setzen Sie eine Frist für die Rückzahlung.

Musterbrief: Widerruf bei noch nicht erhaltener Ware

Am ... habe ich bei Ihnen ... [Bezeichnung der Ratenlieferung, z.B. Zeitungsabonnement] bestellt/gekauft. Ich widerrufe hiermit meine Vertragserklärung und bitte Sie, mir den Eingang des Widerrufs schriftlich zu bestätigen.

Falls dennoch eine Lieferung erfolgt, werde ich die Annahme verweigern.

[zusätzlich bei bereits erfolgter Anzahlung]

Bitte überweisen Sie mir die geleistete Anzahlung von ... Euro bis spätestens zum ... auf mein Konto ...

Musterbrief: Widerruf bei bereits erhaltener Ware

Am ... habe ich bei Ihnen ... [Bezeichnung der Ratenlieferung, z.B. Zeitungsabonnement] bestellt/gekauft. Ich widerrufe hiermit meine Vertragserklärung und bitte Sie, mir den Eingang des Widerrufs schriftlich zu bestätigen.

Die Ware werde ich an Sie zurückschicken.

[zusätzlich bei bereits erfolgter Anzahlung]

Bitte überweisen Sie mir die geleistete Anzahlung von ... Euro bis spätestens zum ... auf mein Konto ...

Information über Widerrufsrecht

Der Verkäufer muss den Käufer über sein Widerrufsrecht informieren. Andernfalls beginnt die Widerrufsfrist nicht zu laufen. Der Widerruf kann dann also auch noch nach 14 Tagen erfolgen. Das Widerrufsrecht erlischt aber spätestens zwölf Monate und 14 Tage nach dem regelmäßigen Fristbeginn für den Widerruf (§ 356c BGB).

Checkliste: So widerrufen Sie bei fehlender oder unvollständiger Widerrufsbelehrung richtig

- Erklären Sie den Widerruf aus Beweisgründen schriftlich. Oder nutzen Sie das Widerrufsformular auf der Webseite des Anbieters.
- Bringen Sie in Ihrer Widerrufserklärung eindeutig und zweifelsfrei zum Ausdruck, dass Sie den abgeschlossenen Vertrag widerrufen.
- Begründen Sie, warum die Widerrufsfrist noch nicht begonnen hat. Erklären Sie den Widerruf spätestens zwölf Monate und 14 Tage nach dem regelmäßigen Fristbeginn für den Widerruf.
- Verlangen Sie eine bereits geleistete Anzahlung zurück. Setzen Sie eine Frist für die Rückzahlung.

Musterbrief: Widerruf bei fehlender oder unvollständiger Widerrufsbelehrung

Am ... habe ich bei Ihnen ... [Bezeichnung der Ratenlieferung, z.B. Zeitungsabonnement] bestellt/gekauft. Ich widerrufe hiermit meine

Vertragserklärung und bitte Sie, mir den Eingang des Widerrufs schriftlich zu bestätigen.

Falls dennoch eine Lieferung erfolgt, werde ich die Annahme verweigern.

Der Widerruf ist auch jetzt noch möglich, weil ... [Angabe des Grundes, z.B. weil keine oder keine ordnungsgemäße Widerrufsbelehrung erfolgte]. Die Widerrufsfrist von 14 Tagen hat also noch nicht zu laufen begonnen.

[zusätzlich bei bereits erfolgter Anzahlung]

Bitte überweisen Sie mir die geleistete Anzahlung von ... Euro bis spätestens zum ... auf mein Konto ...

RECHTE DES KÄUFERS BEI VERZÖGERUNG DER WARENLIEFERUNG

Wenn der Verkäufer den Vertrag nicht rechtzeitig erfüllt, hat der Käufer zwei Möglichkeiten:

- Er kann weiterhin darauf bestehen, dass der Verkäufer den Vertrag erfüllt und daneben den durch die Verzögerung entstandenen Schaden (Verzugsschaden) geltend machen.
- Er kann dem Verkäufer eine angemessene Frist setzen und vom Vertrag zurücktreten, wenn diese erfolglos verstrichen ist. Hat der Verkäufer die Verzögerung verschuldet, kann der Kunde Schadenersatz verlangen.

Tipp

Weitere Informationen bietet der Ratgeber „Meine Rechte bei Kauf und Reklamation" der Verbraucherzentralen (www.vz-ratgeber.de).

Der Käufer muss sich also entscheiden, ob er die Lieferung noch wünscht oder ob er aus dem Kaufvertrag aussteigen will. Denn jede Möglichkeit erfordert unterschiedliche Voraussetzungen und Vorgehensweisen.

WENN DER KÄUFER TROTZ VERZÖGERUNG VERTRAGSERFÜLLUNG UND ERSATZ DES VERZÖGERUNGSSCHADENS VERLANGEN WILL

Wenn der Verkäufer die verspätete Lieferung verschuldet hat, kann der Käufer Ersatz für den Schaden verlangen, der ihm durch die Verzögerung entstanden ist (§§ 280, 286 BGB). Ein Verschulden des Verkäufers wird jedoch vermutet, sodass in der Regel davon auszugehen ist, dass dieser die verspätete Lieferung zu verantworten hat. Der Verkäufer muss daher nachweisen, dass ihn kein Verschulden trifft. Dabei kann er sich aber nicht einfach auf Lieferschwierigkeiten des Herstellers berufen.

In der Regel kann der Käufer erst einen Ersatz des Verzögerungsschadens verlangen, wenn er den Verkäufer gemahnt hat. In der Mahnung muss der Käufer deutlich zum Ausdruck bringen, dass er die Lieferung verlangt.

Checkliste: So mahnen Sie die Vertragserfüllung richtig an

- Mahnen Sie den Verkäufer aus Beweisgründen schriftlich.
- Bringen Sie zum Ausdruck, dass Sie nach wie vor auf Erfüllung des Vertrags bestehen.
- Setzen Sie dem Verkäufer auch eine Frist, innerhalb derer Sie die Lieferung endgültig erwarten. Mit der Nachfristsetzung erfüllen Sie zugleich die Voraussetzung für einen Rücktritt und einen weitergehenden Schadenersatzanspruch (vgl. dazu unten).
- Weisen Sie den Verkäufer darauf hin, dass er für etwaige Schäden, die mit der Leistungsverzögerung zusammenhängen, einzustehen hat.

Musterbrief: Mahnschreiben mit Nachfristsetzung

Am ... habe ich bei Ihnen ...[Bezeichnung der Kaufsache] bestellt, die bis ... geliefert werden sollte. Die mit Ihnen vereinbarte Lieferfrist ist nun abgelaufen. Ich bitte Sie daher, mir die Ware bis spätestens zum ... zu liefern und den genauen Liefertermin zuvor mit mir schriftlich oder telefonisch abzustimmen.

Schon jetzt mache ich Sie darauf aufmerksam, dass ich Ersatz für etwaige Schäden verlangen werde, die mir durch die verspätete Vertragserfüllung entstehen.

Ausnahmsweise kommt der Verkäufer auch ohne Mahnung in Verzug (§ 286 Abs. 2 BGB), so insbesondere wenn ein nach dem Kalender bestimmbarer Liefertermin vereinbart wurde (z.B. „Lieferung am ..." oder „Lieferung in der ... Kalenderwoche"). Keiner Mahnung bedarf es auch dann, wenn der Verkäufer die Lieferung ernsthaft und endgültig verweigert.

Der Verkäufer hat den finanziellen Schaden zu ersetzen, der durch die verzögerte Lieferung entstanden ist. Ersatzfähig sein können zum Beispiel Kosten für die Anmietung einer Ersatzsache, Kosten für weitere Mahnungen und Rechtsanwaltskosten.

Tipp

Auch wenn es keiner formellen Mahnung bedarf, sollten Sie dem Verkäufer immer eine Mahnung schicken. Dann sind Sie auf der sicheren Seite.

01

Checkliste: So machen Sie einen Verzögerungsschaden richtig geltend

- Machen Sie den Schadenersatzanspruch schriftlich geltend.
- Weisen Sie darauf hin, dass der Verkäufer seiner Lieferpflicht nicht rechtzeitig nachgekommen ist.
- Erläutern Sie konkret, welcher Schaden Ihnen entstanden ist und wie dieser mit der Leistungsverzögerung zusammenhängt.
- Beziffern und belegen Sie den Ihnen entstandenen Schaden.
- Setzen Sie dem Verkäufer eine Zahlungsfrist.

Musterbrief: Schadenersatz wegen Leistungsverzögerung

Am ... habe ich bei Ihnen ... [Bezeichnung der Kaufsache] bestellt, die bis ... geliefert werden sollte. Nachdem die vereinbarte Lieferfrist abgelaufen war, habe ich Ihnen mit Schreiben vom ... eine Mahnung übersandt. Mittlerweile haben Sie zwar die Ware geliefert, durch die Verzögerung ist mir aber folgender Schaden entstanden: ... [konkrete Beschreibung des Schadens, z.B. Mietkosten für einen Mietwagen wegen nicht rechtzeitiger Lieferung eines Autos]. Den entstandenen Schaden weise ich durch die in Kopie beigefügten Belege nach.

Ich mache hiermit Schadenersatz in Höhe von ... Euro geltend und fordere Sie auf, mir diesen Betrag bis zum ... auf mein Konto ... zu überweisen.

WENN DER KÄUFER VOM KAUFVERTRAG ZURÜCKTRETEN UND SCHADENERSATZ GELTEND MACHEN WILL

Angemessene Nachfrist

Unter Umständen kann es für den Käufer auch sinnvoll sein, wegen der Lieferverzögerung aus dem Kaufvertrag auszusteigen (z. B. weil er die Kaufsache dringend benötigt und diese bei einem anderen Händler sofort erwerben oder aber günstiger kaufen kann). In diesem Fall muss er vom Kaufvertrag zurücktreten. Dazu ist er berechtigt, wenn der Verkäufer mit der Lieferung in Verzug ist, ihm eine angemessene Nachfrist für die Lieferung gesetzt wurde und diese erfolglos abgelaufen ist. Die Nachfrist muss „angemessen" sein. Was angemessen ist, hängt vom jeweiligen Einzelfall ab und berücksichtigt zudem die Interessen beider Vertragsparteien. Dabei spielt auch eine Rolle, welche Leistung geschuldet wird. Grundsätzlich ist davon auszugehen, dass die Nachfrist wesentlich kürzer sein darf als die ursprünglich vereinbarte Lieferfrist. Ist die Frist zu kurz, dann ist sie nicht unwirksam; sie setzt vielmehr eine angemessene Frist in Gang.

Checkliste: So erklären Sie den Rücktritt richtig

- Erklären Sie den Rücktritt schriftlich. Aus Beweisgründen am sichersten, aber auch am teuersten ist die Übersendung per Einschreiben mit Rückschein.
- Weisen Sie den Verkäufer darauf hin, dass er weder auf Ihre Mahnung reagiert hat noch auf die Nachfristsetzung hin seiner Lieferpflicht nachgekommen ist.
- Behalten Sie sich ausdrücklich vor, Schadenersatzansprüche wegen Nichterfüllung des Vertrags geltend zu machen.
- Verlangen Sie eine bereits geleistete Anzahlung zurück. Setzen Sie eine Frist für die Rückzahlung.

Musterbrief: Rücktritt vom Kaufvertrag

Wir hatten vereinbart, dass Sie die ... [Bezeichnung der Kaufsache] circa einen Monat nach der Annahme meiner Bestellung liefern sollten. Weder auf meine Mahnung noch auf die Nachfristsetzung vom ... hin sind Sie Ihrer Lieferverpflichtung nachgekommen.

Deshalb trete ich hiermit vom Kaufvertrag zurück und behalte mir vor, Schadenersatzansprüche wegen Lieferverzugs geltend zu machen.

[zusätzlich bei bereits erfolgter Anzahlung]

Bitte überweisen Sie mir die geleistete Anzahlung von ... Euro bis spätestens zum ... auf mein Konto ...

Verschulden des Verkäufers

Unter den gleichen Voraussetzungen wie beim Rücktritt kann der Käufer wegen der Lieferverzögerung auch Schadenersatz statt der Leistung geltend machen. Ferner ist Voraussetzung für diesen Anspruch, dass der Verkäufer den Umstand, warum er nicht rechtzeitig liefert, verschuldet hat. Davon ist in der Regel auszugehen. Das Verschulden des Verkäufers wird gesetzlich vermutet. Wendet er ein, dass er für die Verzögerung nicht verantwortlich sei, muss er triftige Gründe dafür benennen.

Der Händler liefert die bestellten Möbel wegen der Lieferschwierigkeiten des Herstellers nicht rechtzeitig. Die vom Käufer gesetzte Nachfrist ist erfolglos abgelaufen. Ein anderer Händler kann die Möbel sofort liefern, allerdings zu einem höheren Preis. Der Käufer kann Schadenersatz statt der Leistung geltend machen und vom Verkäufer verlangen, dass ihm dieser die Preisdifferenz erstattet.

Checkliste: So machen Sie Schadenersatz statt der Leistung richtig geltend

- Machen Sie den Schadenersatzanspruch schriftlich geltend.
- Weisen Sie den Verkäufer darauf hin, dass er weder auf Ihre Mahnung noch auf die Nachfristsetzung hin seiner Lieferpflicht nachgekommen ist.
- Erläutern Sie konkret, welcher Schaden Ihnen entstanden ist und wie dieser mit der Leistungsverzögerung zusammenhängt.

- Beziffern und belegen Sie den Ihnen entstandenen Schaden.
- Setzen Sie dem Verkäufer eine Zahlungsfrist.

Musterbrief: Schadenersatz wegen Nichterfüllung

Wir hatten vereinbart, dass Sie die ... [Bezeichnung der Kaufsache] circa einen Monat nach der Annahme meiner Bestellung liefern sollten. Weder auf meine Mahnung noch auf die Nachfristsetzung vom ... sind Sie Ihrer Lieferverpflichtung nachgekommen. Mit Schreiben vom ... bin ich deshalb vom Kaufvertrag zurückgetreten.

Wegen der Nichterfüllung des Kaufvertrags ist mir ein Schaden in Höhe von ... Euro entstanden. ..... [Erläuterung des Schadens und der Schadenshöhe; z.B. Preisdifferenz, wenn die gleiche Ware bei einem anderen Händler zu einem höheren Preis erworben wurde]. Den entstandenen Schaden weise ich durch die in Kopie beigefügten Belege nach.

Ich mache hiermit Schadenersatz in Höhe von ... Euro geltend und fordere Sie auf, mir diesen Betrag bis zum ... auf mein Konto ... zu überweisen.

RECHTE DES KÄUFERS BEI MÄNGELN DER KAUFSACHE

Tipp

Weitere Informationen bietet der Ratgeber „Meine Rechte bei Kauf und Reklamation" der Verbraucherzentralen (www.vz-ratgeber.de).

Der Verkäufer muss dem Käufer den Kaufgegenstand frei von Mängeln übergeben und übereignen. Andernfalls stehen dem Käufer die gesetzlichen Gewährleistungsrechte zu. Seine Haftung für Sachmängel kann der Verkäufer nur im gesetzlich vorgegebenen Rahmen durch Allgemeine Geschäftsbedingungen ausschließen oder beschränken.

Ist die Kaufsache mangelhaft, kann der Käufer – unter den jeweiligen gesetzlichen Voraussetzungen – folgende Gewährleistungsrechte geltend machen:

- Nacherfüllung (Nachbesserung, Nachlieferung),
- Rücktritt vom Kaufvertrag,

- Minderung des Kaufpreises,
- Schadenersatz wegen Nichterfüllung.

Gewährleistungsrechte aus einem Kaufvertrag können Verbraucher nicht unbegrenzt geltend machen. Vielmehr gilt hierfür in der Regel eine Frist von zwei Jahren, beginnend ab der Übergabe des Kaufgegenstandes. Nur wenn der Verkäufer einen Mangel nachweisbar arglistig verschweigt, kann der Käufer noch drei Jahre ab Kenntnis dieser Umstände Ansprüche stellen. Wenn Ansprüche wegen eines Mangels im Zusammenhang mit dem Kauf eines Bauwerks geltend gemacht werden, gilt die fünfjährige Verjährungsfrist. Diese Verjährungsfrist gilt auch bei einer Sache, die entsprechend ihrer üblichen Verwendung für ein Bauwerk tatsächlich verwendet worden ist und dessen Mangelhaftigkeit verursacht (z.B. beim Kauf von Baumaterialien). Vgl. § 438 BGB.

WENN DER KÄUFER WEGEN DES MANGELS NACHERFÜLLUNG VERLANGEN WILL

Ist die gekaufte Sache mangelhaft, kann der Käufer in erster Linie Nacherfüllung verlangen (§ 439 Abs. 1 BGB). Diese umfasst die Nachbesserung und die Nachlieferung.

Reparatur oder Nachlieferung

- Im Rahmen der Nachbesserung kann der Käufer die Beseitigung des Mangels, also die Reparatur des Kaufgegenstands verlangen.
- Bei der Nachlieferung verlangt der Käufer, dass ihm der Verkäufer eine einwandfreie Sache liefert.

Grundsätzlich darf der Käufer wählen, ob er Reparatur der mangelhaften Ware oder die Lieferung einer neuen, mangelfreien Ware wünscht. Der Verkäufer kann die vom Käufer gewählte Art der Nacherfüllung verweigern, wenn sie nur mit unverhältnismäßig hohen Kosten möglich ist (§ 439 III BGB).

Checkliste: So machen Sie den Anspruch auf Nacherfüllung richtig geltend

- Fordern Sie den Verkäufer aus Beweisgründen schriftlich zur Nacherfüllung auf.
- Beschreiben Sie den festgestellten Mangel. Verlangen Sie vom Verkäufer ausdrücklich kostenlose Reparatur oder Lieferung einer neuen und einwandfreien Kaufsache.
- Setzen Sie dem Verkäufer eine angemessene Frist zur Nacherfüllung.
- Achten Sie auf die Verjährungsfrist (vgl. Seite 37).
- Machen Sie Ihren Anspruch möglichst innerhalb von sechs Monaten nach Übergabe der Kaufsache geltend. In diesem Fall wird vermutet, dass diese bereits bei der Übergabe mangelhaft war (§ 476 BGB). Dann muss der Verkäufer beweisen, dass er die Kaufsache in mangelfreiem Zustand übergeben hat.

Musterbrief: Aufforderung zur Nacherfüllung

Am … habe ich bei Ihnen … [Bezeichnung des Kaufgegenstands] gekauft. Leider muss ich feststellen, dass der Gegenstand folgende Mängel aufweist … [genaue Beschreibung der Mängel, z.B. Bildstörungen am Fernseher]. Ich fordere Sie auf, die Mängel im Wege einer kostenlosen Reparatur oder durch Nachlieferung zu beheben. Die Nacherfüllung ist bis spätestens … vorzunehmen.

Nachdem sich der Mangel innerhalb von sechs Monaten nach der Übergabe der Sache zeigt, gilt die gesetzliche Vermutung des § 476 BGB, dass der Mangel bereits bei Gefahrübergang vorhanden war.

Zurückbehaltungsrecht

Der Käufer darf die Zahlung des Kaufpreises verweigern, wenn die gelieferte Ware einen behebbaren Mangel hat. In diesem Fall kann er Nacherfüllung verlangen und den Kaufpreis zurückbehalten, bis der Verkäufer dieser Pflicht nachgekommen ist (vgl. dazu Seite 45). Hat der Verkäufer ordnungsgemäß nacherfüllt, entfällt das Zurückbehaltungsrecht und der Käufer muss den vereinbarten Kaufpreis zahlen.

Checkliste: So reklamieren Sie eine Nacherfüllung richtig

- Fordern Sie den Verkäufer aus Beweisgründen schriftlich zur Nacherfüllung auf.
- Beschreiben Sie den festgestellten Mangel. Verlangen Sie vom Verkäufer ausdrücklich kostenlose Reparatur oder Lieferung einer neuen mangelfreien Kaufsache.
- Achten Sie auf die Verjährungsfrist (vgl. Seite 37).
- Machen Sie Ihren Anspruch möglichst innerhalb von sechs Monaten nach Übergabe der Kaufsache geltend. In diesem Fall wird vermutet, dass die Kaufsache bereits bei der Übergabe mangelhaft war (§ 476 BGB). Dann muss der Verkäufer beweisen, dass er die Kaufsache in mangelfreiem Zustand übergeben hat.
- Erklären Sie ausdrücklich, dass Sie die Zahlung des Kaufpreises bis zur Behebung der Mängel verweigern und die Einrede des nicht erfüllten Vertrags erheben.

Musterbrief: Nacherfüllung und Einrede des nicht erfüllten Vertrags

Am ... habe ich bei Ihnen ... [Bezeichnung des Kaufgegenstands] gekauft. Leider muss ich feststellen, dass der Gegenstand folgende Mängel aufweist ... [genaue Beschreibung der Mängel, z.B. Bildstörungen am Fernseher]. Ich fordere Sie auf, die Mängel im Wege einer kostenlosen Reparatur oder durch Nachlieferung zu beheben. Die Nacherfüllung ist bis spätestens ... vorzunehmen.

Nachdem sich der Mangel innerhalb von sechs Monaten nach der Übergabe der Sache zeigt, gilt die gesetzliche Vermutung des § 476 BGB, dass der Mangel bereits bei Gefahrübergang vorhanden war.

Die Zahlung des in Rechnung gestellten Kaufpreises von ... Euro verweigere ich, bis Sie den Kaufvertrag ordnungsgemäß erfüllt und meiner Aufforderung auf Nacherfüllung nachgekommen sind. Ich erhebe hiermit die Einrede des nicht erfüllten Vertrags nach § 320 Abs. 1 BGB.

01

WENN DIE NACHERFÜLLUNG FEHLGESCHLAGEN IST UND DER KÄUFER VOM KAUFVERTRAG ZURÜCKTRETEN WILL

Ist die Nacherfüllung fehlgeschlagen, kann der Käufer vom Kaufvertrag zurücktreten oder den mangelhaften Kaufgegenstand behalten und eine Minderung des Kaufpreises geltend machen. Die Nacherfüllung ist insbesondere fehlgeschlagen, wenn der Verkäufer diese verweigert, die gesetzte Nachfrist erfolglos abgelaufen ist, die Nachbesserung zweimal misslingt oder sich auch die Ersatzlieferung (wie der ursprüngliche Kaufgegenstand) als mangelhaft erweist.

Unerhebliche Mängel

Nur bei ganz unerheblichen Mängeln ist das Rücktrittsrecht ausgeschlossen (§ 323 Abs. 5 Satz 2 BGB). Dabei sind vor allem die Kosten der Mängelbeseitigung entscheidend. Der Käufer kann dann nur Nacherfüllung verlangen oder den Kaufpreis mindern.

Checkliste: So erklären Sie den Vertragsrücktritt richtig

- Erklären Sie den Rücktritt vom Kaufvertrag aus Beweisgründen schriftlich.
- Weisen Sie den Verkäufer darauf hin, dass Sie die mangelhafte Lieferung angezeigt und erfolglos um Nacherfüllung gebeten haben bzw. keine Nacherfüllung erfolgt ist.
- Erklären Sie ausdrücklich den Rücktritt vom Kaufvertrag und fordern Sie den Verkäufer auf, die mangelhafte Kaufsache bei Ihnen abzuholen bzw. zurückzunehmen.
- Verlangen Sie die Rückerstattung des Kaufpreises bzw. einer bereits geleisteten Anzahlung. Setzen Sie dem Verkäufer eine Zahlungsfrist.
- Erklären Sie den Rücktritt innerhalb von zwei Jahren nach Übergabe der Kaufsache. Andernfalls ist er nicht mehr zulässig (§§ 438 Abs. 4, 218 BGB).
- Behalten Sie sich ausdrücklich vor, Schadenersatzansprüche wegen Nichterfüllung geltend zu machen.

01

Musterbrief: Rücktritt vom Kaufvertrag

Am ... habe ich bei Ihnen ... [Bezeichnung des Kaufgegenstands] gekauft. Mit Schreiben vom ... habe ich Ihnen mitgeteilt, dass die gelieferte Ware Mängel aufweist.

Trotz mehrfacher Versuche, diese Mängel im Wege der Reparatur bzw. der Ersatzlieferung zu beheben, ist Ihnen dies bis heute nicht gelungen. Weitere Reparaturversuche sind mir nicht zuzumuten.

[Oder]

Die Nacherfüllung ist bis heute nicht erfolgt.

Deshalb erkläre ich hiermit den Rücktritt vom Kaufvertrag und fordere Sie auf, die Ware bei mir abzuholen [oder zurückzunehmen] und mir den gezahlten Kaufpreis von ... Euro/die geleistete Anzahlung in Höhe von ... Euro zu erstatten und mir auf mein Konto ... zu überweisen. Eventuelle Schadenersatzansprüche behalte ich mir vor. Die Rückzahlung des Kaufpreises erwarte ich bis spätestens ...

Bitte stimmen Sie den Abholtermin mit mir am besten telefonisch ab.

WENN DIE NACHERFÜLLUNG FEHLGESCHLAGEN IST UND DER KÄUFER DEN KAUFPREIS MINDERN WILL

Differenzbetrag

Statt vom Vertrag zurückzutreten, kann der Käufer eine Herabsetzung des Kaufpreises (Minderung) verlangen (§ 441 BGB). Meist wird es sinnvoll sein, wegen des Mangels vom Kaufvertrag zurückzutreten. Die Minderung empfiehlt sich nur, wenn die Kaufsache trotz des Mangels noch sinnvoll zu nutzen ist. Bei der Minderung kann der Käufer den Differenzbetrag zwischen dem Wert der einwandfreien Kaufsache und dem tatsächlichen des mangelhaften Produkts verlangen. Im Zweifel kann die Minderung auch durch Schätzung ermittelt werden (§ 441 Abs. 3 BGB).

Auch die Minderung muss gegenüber dem Verkäufer geltend gemacht werden. Der Verkäufer hat dem Käufer die Differenz des gezahlten Kaufpreises zum geminderten Preis zu erstatten (§ 441 Abs. 4 BGB).

Checkliste: So machen Sie den Minderungsanspruch richtig geltend

- Erklären Sie den Anspruch auf Minderung des Kaufpreises aus Beweisgründen schriftlich.
- Weisen Sie den Verkäufer darauf hin, dass Sie die mangelhafte Lieferung angezeigt und erfolglos um Nacherfüllung gebeten haben bzw. keine Nacherfüllung erfolgt ist.
- Schätzen Sie den Minderungsbetrag (§ 441 Abs. 3 BGB) und verlangen Sie ausdrücklich die Minderung des Kaufpreises und die Zahlung des Minderungsbetrags.
- Setzen Sie dem Verkäufer eine Zahlungsfrist.
- Mindern Sie den Kaufpreis innerhalb von zwei Jahren nach Übergabe der Kaufsache. Andernfalls ist die Minderung nicht mehr zulässig (§§ 438 Abs. 5, 218 BGB).

Musterbrief: Minderung des Kaufpreises

Am ... habe ich bei Ihnen ... [Bezeichnung des Kaufgegenstands] gekauft. Mit Schreiben vom ... habe ich Ihnen mitgeteilt, dass die gelieferte Ware Mängel aufweist.

Trotz mehrfacher Versuche, diese Mängel im Wege der Reparatur bzw. der Ersatzlieferung zu beheben, ist Ihnen dies bis heute nicht gelungen. Weitere Reparaturversuche sind mir nicht zuzumuten.

[Oder]

Die Nacherfüllung ist bis heute nicht erfolgt.

Ich fordere Sie daher auf, mir eine entsprechende Minderung des Kaufpreises zu gewähren und mir bis zum ... einen angemessenen Vorschlag zu unterbreiten. Ich gehe davon aus, dass Sie den Kaufpreis um mindestens ... Euro herabsetzen werden. Bitte überweisen Sie den Minderungsbetrag auf mein Konto ...

01

WENN DER KÄUFER WEGEN DES MANGELS SCHADENERSATZ GELTEND MACHEN WILL

Neben der Minderung oder dem Rücktritt kann der Käufer Schadenersatz geltend machen, wenn der Verkäufer den Mangel verschuldet hat. Dabei wird das Verschulden des Verkäufers gesetzlich vermutet. Das heißt, nicht der Käufer muss beweisen, dass der Verkäufer den Mangel zu vertreten hat, sondern der Verkäufer muss darlegen und beweisen, dass ihn kein Verschulden trifft.

Wahlrecht

Dem Käufer steht ein Wahlrecht zu: Er kann entweder die mangelhafte Sache behalten und als Schaden die Differenz zwischen dem Wert der mangelfreien und der mangelhaften Sache verlangen (kleiner Schadenersatz) oder die mangelhafte Sache zurückgeben und wegen Nichterfüllung des Vertrags weitere Schäden geltend machen (großer Schadenersatz).

Checkliste: So machen Sie einen Schadenersatzanspruch richtig geltend

- Machen Sie den Schadenersatzanspruch schriftlich geltend.
- Weisen Sie den Verkäufer darauf hin, dass Sie die mangelhafte Lieferung angezeigt und erfolglos um Nacherfüllung gebeten haben bzw. keine Nacherfüllung erfolgt ist.
- Erläutern Sie konkret, welcher Schaden Ihnen entstanden ist und wie dieser mit der Leistungsverzögerung zusammenhängt.
- Beziffern und belegen Sie den Ihnen entstandenen Schaden. Setzen Sie dem Verkäufer eine Zahlungsfrist.
- Achten Sie auf die Verjährungsfrist (vgl. Seite 37).

Tipp

Wenn Sie vom Verkäufer Schadenersatz wegen Mängeln an der Kaufsache geltend machen wollen, sollten Sie einen fachkundigen Anwalt einschalten. Die Rechtslage ist einigermaßen kompliziert und in der Praxis gibt es immer wieder Probleme mit der Bemessung der Schadenshöhe.

Musterbrief: Schadenersatz

Am ... habe ich bei Ihnen ... [Bezeichnung des Kaufgegenstands] gekauft. Mit Schreiben vom ... habe ich Ihnen mitgeteilt, dass die gelieferte Ware Mängel aufweist. Diese Mängel haben Sie aufgrund der gegebenen Garantie zu vertreten. Trotz mehrfacher Versuche, diese Mängel im Wege der Reparatur bzw. der Ersatzlieferung zu beheben, ist Ihnen dies nicht gelungen. Mit Schreiben vom ... bin ich deshalb vom Kaufvertrag zurückgetreten.

Neben dem bereits geltend gemachten Anspruch auf Rückerstattung des Kaufpreises mache ich hiermit Schadenersatzansprüche in Höhe von ... Euro für die mir entstandenen Kosten ... [konkrete Bezeichnung der entstehenden Kosten, z.B. Kosten für An- und Abmeldung des Autos, Fahrtkosten zur Zulassungsstelle, Gutachterkosten] geltend. Zum Nachweis des mir entstandenen Schadens füge ich diesem Schreiben in Kopie die entsprechenden Belege bei.

Ich bitte Sie, mir den Gesamtbetrag von ... Euro bis spätestens ... auf mein Konto ... zu überweisen.

RECHTE DES KÄUFERS IN BEZUG AUF DEN KAUFPREIS

WENN DER VERKÄUFER DEN KAUFPREIS VERLANGT, DIE WARE ABER NOCH NICHT GELIEFERT HAT

Zug-um-Zug-Prinzip

Gesetzlich ist der Kaufpreis Zug um Zug gegen Übergabe und Übereignung der Kaufsache zu zahlen. Das bedeutet, dass eine Vertragspartei ihre Leistung erbringt und dass die andere nachzieht. Das ist bei bar bezahlten Einkäufen des täglichen Lebens unproblematisch. Ansonsten muss aber in der Regel zunächst der Verkäufer die Kaufsache liefern, bevor er vom Käufer den Kaufpreis verlangen kann. Liefert der Verkäufer nicht, verlangt er aber gleichwohl die Zahlung des Kaufpreises, kann der Käufer diese verweigern, das heißt, er kann die Einrede des nicht erfüllten Vertrags erheben (§ 320 Abs. 1 BGB). Der Käufer ist berechtigt, die Zahlung des Kaufpreises auch dann in vollem Umfang zu verweigern, wenn der Verkäufer seinen Verpflichtungen nur teilweise nicht nachgekommen ist.

Checkliste: So reklamieren Sie nicht erfüllte Verträge richtig

- Erheben Sie die Einrede des nicht erfüllten Vertrags aus Beweisgründen schriftlich.
- Weisen Sie den Verkäufer darauf hin, dass er vorleistungspflichtig ist, das heißt, dass er zuerst seine Verpflichtungen aus dem Kaufvertrag zu erfüllen, also die Kaufsache zu übergeben und zu übereignen hat.
- Erklären Sie ausdrücklich, dass Sie die Zahlung des Kaufpreises solange verweigern, bis der Verkäufer seiner Verpflichtung entsprochen hat.

Musterbrief: Einrede des nicht erfüllten Vertrags

Am ... haben Sie mir den Kaufpreis über ... Euro für ... [Bezeichnung der Kaufsache] in Rechnung gestellt. Ich darf Sie darauf aufmerksam machen, dass ich den Kaufpreis nach der vertraglichen Abmachung im Kaufvertrag erst nach Übergabe und Übereignung der Ware zu zahlen habe. Von der Zahlung des in Rechnung gestellten Betrags sehe ich deshalb bis zur Lieferung der Ware ab. Ich erhebe hiermit die Einrede des nicht erfüllten Vertrags nach § 320 Abs. 1 BGB.

Der Käufer darf die Zahlung des Kaufpreises nicht verweigern, wenn er vorleistungspflichtig ist, er also zuerst den Kaufpreis zahlen und der Verkäufer erst danach die Kaufsache übergeben und übereignen muss. Das ist der Fall, wenn die Vertragsparteien im Kaufvertrag Entsprechendes vereinbart haben (z.B. Lieferung gegen Vorkasse).

Tipp

Der Käufer darf die Zahlung des Kaufpreises auch dann verweigern, wenn die gelieferte Ware einen behebbaren Mangel hat. In diesem Fall kann er Nacherfüllung verlangen und den Kaufpreis zurückbehalten, bis der Verkäufer dieser Pflicht nachgekommen ist (vgl. dazu Seite 38). Hat der Verkäufer ordnungsgemäß nacherfüllt, entfällt das Zurückbehaltungsrecht und der Käufer muss den vereinbarten Kaufpreis zahlen.

WENN DIE KAUFPREISFORDERUNG DES VERKÄUFERS VERJÄHRT IST

Frist von drei Jahren

Der Anspruch des Verkäufers auf den Kaufpreis verjährt innerhalb von drei Jahren (§ 195 BGB). Die Verjährungsfrist beginnt mit dem Schluss des Jahres, in dem der Anspruch entstanden ist (§ 199 Abs. 1 BGB). Nach Eintritt der Verjährung ist der Käufer berechtigt, die Zahlung zu verweigern (§ 214 Abs. 1 BGB).

Checkliste: So reklamieren Sie Kaufpreisforderungen richtig

- Erheben Sie die Einrede des nicht erfüllten Vertrags aus Beweisgründen schriftlich.
- Machen Sie den Verkäufer schriftlich darauf aufmerksam, dass die Kaufpreisforderung verjährt ist.
- Erklären Sie ausdrücklich, dass Sie wegen der Verjährung die Zahlung des Kaufpreises verweigern und die Einrede der Verjährung erheben.

Musterbrief: Einrede der Verjährung

Mit Schreiben vom ... verlangen Sie von mir, dass ich gemäß dem Kaufvertrag vom ... noch den Kaufpreis in Höhe von ... Euro für ... [Bezeichnung der Kaufsache] zu zahlen habe. Ihre Forderung ist aber bereits verjährt. Aus diesem Grund erhebe ich nach § 214 Abs. 1 BGB die Einrede der Verjährung.

WENN DER VERKÄUFER NACHTRÄGLICH EINEN HÖHEREN KAUFPREIS VERLANGT

Der Verkäufer kann ein Interesse daran haben, den vertraglich festgelegten Kaufpreis der künftigen Entwicklung anpassen zu dürfen, wenn sich die Kaufsache für ihn verteuert (z.B. wegen gestiegener Lohn- oder Materialkosten). Deshalb enthalten Kaufverträge manchmal einen sogenannten Preisänderungsvorbehalt. Danach ist der Verkäufer berechtigt, den Kaufpreis einseitig, also ohne Einvernehmen mit dem Käufer, zu erhöhen (z.B. durch die Vertragsklausel „Preiserhöhung vorbehalten").

Praktische Bedeutung haben Preisänderungsvorbehalte vor allem dort, wo sich die Abwicklung von Kaufverträgen über einen längeren Zeitraum erstreckt, wie insbesondere Verträge mit langer Lieferfrist (z.B. beim Autokauf). Sie finden sich dann in der Regel in den Allgemeinen Geschäftsbedingungen des Verkäufers. In diesen Fällen sind sie aber nur wirksam, wenn sie den Käufer nicht unangemessen benachteiligen. Unwirksam ist ein Preisänderungsvorbehalt insbesondere dann, wenn

Unwirksamer Preisänderungsvorbehalt

- er die Erhöhung des Kaufpreises für Waren vorsieht, die innerhalb von vier Monaten nach Vertragsabschluss geliefert werden sollen (§ 309 Nr. 1 BGB),
- er nachträgliche Preiserhöhungen in beliebiger Höhe ermöglicht, ohne dem Käufer eine Lösung vom Vertrag einzuräumen,
- aus diesem nicht die maßgeblichen Gründe einer Preiserhöhung hervorgehen und sich daraus die maßgeblichen Berechnungsfaktoren zur Ermittlung des neuen Preises auch nicht konkret ergeben.

Checkliste: So reklamieren Sie Preisänderungsvorbehalte richtig

- Erheben Sie Ihre Einwände schriftlich.
- Verweisen Sie darauf, dass Sie den erhöhten Kaufpreis nicht akzeptieren, weil der vereinbarte Preisänderungsvorbehalt unwirksam ist.
- Begründen Sie die Unwirksamkeit des Vorbehalts.
- Behalten Sie sich den Rücktritt vom Kaufvertrag vor.

Musterbrief: Unwirksamer Preisänderungsvorbehalt

Mit Schreiben vom … teilen Sie mir mit, dass sich der im Kaufvertrag vom … vereinbarte Kaufpreis in Höhe von … Euro für … [Bezeichnung der Kaufsache] um … Euro auf … Euro erhöht. Die einseitige Preiserhöhung rechtfertigen Sie mit dem Preisänderungsvorbehalt in den Allgemeinen Geschäftsbedingungen.

Ich weise die vorgesehene Preiserhöhung hiermit ausdrücklich zurück. Sie ist unwirksam, weil … [Begründung der Unwirksamkeit des Preisänderungsvorbehalts; vgl. oben]. Selbstverständlich bin ich nach wie vor bereit, die … [Bezeichnung der Kaufsache] zum vereinbarten Kaufpreis zu erwerben. Bitte geben Sie mir bis zum … Bescheid, wie wir in der Angelegenheit weiter verfahren wollen.

Ich behalte mir vor, vom Kaufvertrag zurückzutreten.

WENN DER KÄUFER EINE GELEISTETE ANZAHLUNG ZURÜCK WILL

In der Regel muss der Käufer den vereinbarten Kaufpreis zahlen, wenn die Ware geliefert wird. Manchmal (z.B. beim Möbelkauf) verlangt der Verkäufer jedoch eine Anzahlung auf den Kaufpreis. Dazu ist der Käufer zwar gesetzlich nicht verpflichtet, aber eine entsprechende Vereinbarung ist grundsätzlich zulässig. Wird der Kauf aus irgendeinem Grund wieder rückgängig gemacht, kann der Käufer die geleistete Anzahlung zurückverlangen. Wie dieser Anspruch richtig geltend gemacht wird, erfahren Sie im Zusammenhang mit dem Widerruf von Kaufverträgen auf den Seiten 17 ff. und dem Rücktritt wegen Lieferverzugs (Seite 34 f.) oder wegen mangelhafter Kaufsache (Seite 40 f.).

02

RICHTIG REKLAMIEREN GEGENÜBER HANDWERKERN UND KUNDENDIENSTEN

Wenn es zum Streit mit dem Handwerker oder Kundendienst kommt, kann der Kunde klein beigeben, sich über eine Pfuscharbeit ärgern oder murrend die überhöhte Rechnung zahlen. Er kann aber auch darauf bestehen, dass der Auftrag ordnungsgemäß erledigt wird und verhindern, dass ihm zu tief in die Tasche gegriffen wird. Wie Kunden ihre gesetzlichen Rechte zur Reklamation von Leistungen wahrnehmen und durchsetzen können, zeigt das folgende Kapitel.

RECHTE DES KUNDEN BEI DER AUFTRAGSERTEILUNG

Tipp

Weitere Informationen über die Rechte und Pflichten des Kunden als Auftraggeber bietet der Ratgeber „Handwerker und Kundendienste" der Verbraucherzentralen (www.vz-ratgeber.de).

WENN KEIN VERTRAG ZUSTANDE KOMMT UND ANGEBOTSKOSTEN BERECHNET WERDEN

Für den Handwerker kann die Erstellung eines Angebots mit erheblichen Kosten verbunden sein. Diese berücksichtigt er üblicherweise in seiner Kalkulation. Er kann mit dem Kunden aber auch vereinbaren, dass er ein Angebot nur gegen besondere Vergütung unterbreitet. Häufig wird verabredet, dass die Kosten des Angebots auf den Werklohn angerechnet werden, wenn es zu einer Auftragserteilung kommt. Besteht zwischen dem Handwerker und dem Kunden jedoch keine entsprechende Vereinbarung, dann darf auch für aufwendige Angebote keine gesonderte Bezahlung verlangt werden. Der Kunde hat die Angebotskosten auch dann nicht zu ersetzen, wenn er die Verhandlungen mit dem Handwerker abbricht und keinen Auftrag erteilt.

Checkliste: So reklamieren Sie in Rechnung gestellte Angebotskosten richtig

- Weisen Sie die in Rechnung gestellten Angebotskosten schriftlich zurück.
- Verweisen Sie darauf, dass Sie nur bei einer ausdrücklichen Vereinbarung verpflichtet sind, die Angebotskosten zu übernehmen, eine entsprechende Abrede aber nicht getroffen worden ist.

Musterbrief: Zurückweisung der in Rechnung gestellten Angebotskosten

Mit Schreiben vom ... stellen Sie mir Ihre Kosten in Höhe von ... Euro für die Erstellung des Angebots für ... [Bezeichnung der angebotenen Leistungen] in Rechnung. Die mit der Erstellung des Angebots verbundenen Aufwendungen gehen grundsätzlich zu Ihren Lasten. Es besteht keine Vereinbarung, dass ich die Kosten zu tragen habe, wenn kein Auftrag erteilt wird. Ich bin deshalb nicht bereit, die Angebotskosten zu übernehmen.

02

WENN DER KUNDE DEN AUFTRAG RÜCKGÄNGIG MACHEN WILL

Widerruf des Auftrags

Grundsätzlich kann ein Vertrag nicht einseitig von einem Vertragspartner widerrufen werden. Wie bereits auf Seite 18 ff. ausgeführt, wird Verbrauchern allerdings in bestimmten Fällen ein gesetzliches Widerrufsrecht eingeräumt.

Haustürgeschäfte

Immer wieder klappern unseriöse Handwerker Wohngebiete mit dem Ziel ab, Hausbesitzer zu oft unnötigen und überteuerten Sanierungen zu drängen. Sie bieten zunächst eine kostenlose Dachrinnenreinigung oder Fassadeninspektion an und sichten dabei vermeintlich große Schäden. Sogleich wird dem verunsicherten Hausbesitzer ein besonders preisgünstiges Angebot offeriert, um die Mängel zu beheben. Hierbei handelt es sich dann um außerhalb von Geschäftsräumen geschlossene Verträge nach § 312a BGB.

Bei Aufträgen an Handwerker ist es sicherlich nicht die Regel, gleichwohl kann es, wie z.B. bei einem Schlüsselnotdienst vorkommen, dass die Vertragsanbahnung oder die Auftragserteilung ausschließlich telefonisch erfolgen. In diesen Fällen liegt ein sogenannter Fernabsatzvertrag nach § 312b BGB vor.

Voraussetzungen für den Widerruf

Dem Kunden (Verbraucher) steht bei außerhalb von Geschäftsräumen geschlossenen Verträgen und bei Fernabsatzverträgen ein gesetzliches Widerrufs- und Informationsrecht zu (§§ 312g, 355 BGB). Wegen der Einzelheiten vgl. Seite 18 ff. Kein Widerrufsrecht besteht allerdings dann, wenn der Kunde den Handwerker ausdrücklich aufgefordert hat, ihn aufzusuchen, um dringende Reparatur- und Instandhaltungsarbeiten vorzunehmen (§ 312g Abs. 2 Nr. 11 BGB). Das Widerrufsrecht erlischt, wenn der Handwerker (Unternehmer) die Leistung vollständig erbracht und mit der Ausführung der Arbeiten erst nach ausdrücklicher Zustimmung durch den Kunden (Verbraucher) begonnen hat. Der Kunde muss zudem bestätigt haben, dass er davon Kenntnis genommen hat, dass er sein Widerrufsrecht bei vollständiger Vertragserfüllung durch den Handwerker verliert (§ 356 Abs. 4 BGB). Die bloße Hinnahme der Erfüllung reicht also nicht aus.

Checkliste: So widerrufen Sie den Vertrag richtig

- Erklären Sie den Widerruf aus Beweisgründen per Brief, Fax oder E-Mail. Oder nutzen Sie das Widerrufsformular auf der Webseite des Anbieters (vgl. dazu Seite 19).
- Bringen Sie in Ihrer Widerrufserklärung eindeutig und zweifelsfrei zum Ausdruck, dass Sie den abgeschlossenen Vertrag widerrufen.
- Erklären Sie den Widerruf innerhalb von 14 Tagen. Die Widerrufsfrist beginnt mit Vertragsschluss.
- Zur Wahrung der Widerrufsfrist genügt es, wenn Sie den Widerruf rechtzeitig absenden.

02

Musterbrief: Widerruf des Vertrags

Am ... habe ich Sie beauftragt, folgende Arbeiten durchzuführen ... [Bezeichnung der vom Handwerker zu erbringenden Leistungen]. Ich widerrufe hiermit meine Vertragserklärung und bitte Sie, mir den Eingang des Widerrufsschreibens in Textform zu bestätigen.

Falls Sie die Arbeiten dennoch ausführen, werde ich die Annahme verweigern.

Widerrufsfrist

Bei einem außerhalb von Geschäftsräumen abgeschlossenen Vertrag oder einem Fernabsatzvertrag hat der Handwerker (Anbieter) gegenüber dem Kunden (Verbraucher) bestimmte Informationspflichten (vgl. dazu Seite 21). Werden diese nicht erfüllt, beginnt die Widerrufsfrist nicht zu laufen. Der Widerruf kann also auch noch nach 14 Tagen erfolgen. Das Widerrufsrecht erlischt aber spätestens zwölf Monate und 14 Tage nach dem regelmäßigen Fristbeginn für den Widerruf (§ 356 Abs. 6 BGB).

Checkliste: So widerrufen Sie den Vertrag wegen Verletzung von Informationspflichten richtig

- Erklären Sie den Widerruf aus Beweisgründen per Brief, Fax oder E-Mail. Oder nutzen Sie das Widerrufsformular auf der Webseite des Anbieters.
- Bringen Sie in Ihrer Widerrufserklärung eindeutig und zweifelsfrei zum Ausdruck, dass Sie den abgeschlossenen Vertrag widerrufen.
- Begründen Sie, warum die Widerrufsfrist noch nicht begonnen hat. Erklären Sie den Widerruf spätestens zwölf Monate und 14 Tage nach dem regelmäßigen Fristbeginn für den Widerruf.
- Zur Wahrung der Widerrufsfrist genügt es, wenn Sie den Widerruf rechtzeitig absenden.

Musterbrief: Widerruf bei Verletzung der Informationspflichten

Am ... habe ich Sie beauftragt, folgende Arbeiten durchzuführen ... [Bezeichnung der vom Handwerker zu erbringenden Leistungen]. Ich widerrufe hiermit meine Vertragserklärung und bitte Sie, mir den Eingang des Widerrufs in Textform zu bestätigen.

Falls dennoch eine Lieferung erfolgt, werde ich die Annahme verweigern.

Der Widerruf ist auch jetzt noch möglich, weil ... [Angabe des Grundes, z.B. weil nicht alle Informationspflichten erfüllt wurden oder keine ordnungsgemäße Widerrufsbelehrung erfolgte]. Die Widerrufsfrist von 14 Tagen hat also noch nicht zu laufen begonnen.

Kündigung des Auftrags

Selbst wenn der Handwerker mit den Arbeiten bereits begonnen hat, kann der Kunde noch aus dem Vertrag aussteigen, und zwar unabhängig davon, ob der Handwerker gut oder schlecht arbeitet. Bis zum Abschluss der Arbeiten hat der Kunde jederzeit das Recht, den Vertrag zu kündigen (§ 649 BGB). Dabei reicht es aus, dass er es sich einfach anders überlegt hat.

Berechnung von Teilleistungen

Der Handwerker kann die vereinbarte Vergütung verlangen, wenn der Kunde den Vertrag kündigt. Für die bis zur Kündigung erbrachten Teilleistungen kann der Handwerker auf der Grundlage der vertraglichen Absprachen abrechnen. Ist z. B. ein Einheitspreis vereinbart, kann er dem Kunden die ausgeführten Positionen in Rechnung stellen. Auch nicht erbrachte Leistungen kann der Handwerker berechnen. Er muss sich allerdings abziehen lassen, was er an eingeplanten Aufwendungen eingespart hat (z. B. an Material- oder Arbeitskosten). Der entgangene Gewinn steht dem Handwerker jedoch zu.

Checkliste: So kündigen Sie Aufträge richtig

- Kündigen Sie in Textform. Übersenden Sie das Kündigungsschreiben aus Beweisgründen per Einschreiben mit Rückschein.
- Erklären Sie ausdrücklich, dass Sie nicht mehr am Auftrag festhalten wollen.
- Einen Kündigungsgrund brauchen Sie nicht anzugeben.
- Verlangen Sie eine Rechnung über die bisher erbrachten Teilleistungen des Handwerkers.

Musterbrief: Kündigung des Auftrags

Am ... habe ich Sie beauftragt, folgende Arbeiten durchzuführen ... [Bezeichnung der vom Handwerker zu erbringenden Leistungen].

Ich kündige hiermit diesen Auftrag gemäß § 649 BGB. Bitte lassen Sie mir eine Rechnung zukommen, aus der ich detailliert die von Ihnen bisher erbrachten Leistungen entnehmen kann.

Kündigung aus wichtigem Grund

Unter Umständen kann der Kunde den Vertrag mit dem Handwerker auch aus wichtigem Grund kündigen. In diesem Fall kommt eine Kündigung aber nur bei einer schwerwiegenden Störung des Vertrauensverhältnisses in Betracht. Das ist z. B. der Fall, wenn der Handwerker endgültig und ernsthaft die Vertragserfüllung verweigert, die bisher erbrachten Teilleistungen schwerwiegende Mängel aufweisen oder wenn ein grober Vertrauensbruch gegeben ist.

Checkliste: So kündigen Sie aus wichtigem Grund richtig

- Kündigen Sie in Textform. Übersenden Sie das Kündigungsschreiben aus Beweisgründen per Einschreiben mit Rückschein.
- Weisen Sie darauf hin, dass Sie den Vertrag aus wichtigem Grund kündigen.
- Die Angabe des Kündigungsgrundes ist zwar nicht zwingend, jedoch sollte der konkrete Anlass auch im Hinblick auf einen späteren Rechtsstreit angegeben werden.

Musterbrief: Kündigung des Auftrags aus wichtigem Grund

Am ... habe ich Sie beauftragt, folgende Arbeiten durchzuführen ... [Bezeichnung der vom Handwerker zu erbringenden Leistungen].

Ich kündige hiermit diesen Auftrag aus wichtigem Grund. Das Festhalten am Vertrag ist mir nicht zumutbar, weil ... [konkrete Bezeichnung des Anlasses der Kündigung).

Vorsicht

Eine Kündigung aus wichtigem Grund kommt nur bei einer ganz schwerwiegenden Vertragsverletzung in Betracht, die Sie auch noch beweisen müssen. In der Praxis ist es häufig sehr schwierig, diesen Beweis zu erbringen. Vor einer Kündigung sollten Sie deshalb fachkundigen Rat einholen. Denn es besteht immer die Gefahr, dass Sie durch die Kündigung auf den vereinbarten Kosten sitzenbleiben.

Bei einer Kündigung aus wichtigem Grund muss der Kunde die vereinbarte Vergütung nicht leisten, sondern nur für die schon fehlerfrei erbrachten Leistungen zahlen. Diese Teilleistungen muss er dem Handwerker aber nur dann vergüten, wenn diese für ihn brauchbar sind. Für noch nicht erbrachte Leistungen muss keine Vergütung gezahlt werden.

RECHTE DES KUNDEN BEI DER DURCHFÜHRUNG DER ARBEITEN

WENN DER HANDWERKER MEHRLEISTUNGEN IN RECHNUNG STELLT

Wenn der Handwerker im Nachhinein Mehrleistungen erbracht hat, die bei der Auftragserteilung nicht vorgesehen waren, stellt sich die Frage, ob der Kunde diese zu tragen hat. Dabei muss zwischen vermeidbaren und notwendigen Zusatzleistungen unterschieden werden. Nicht notwendige und vom Handwerker eigenmächtig ausgeführte Zusatzarbeiten muss der Kunde nicht bezahlen. Wurde z.B. eine Kfz-Werkstatt beauftragt, einen Blechschaden zu reparieren, darf diese nicht einfach auch die defekte Radioanlage erneuern. Wurden vom Handwerker dagegen notwendige Zusatzleistungen erbracht, muss der Kunde diese verguten, wenn diese Mehrleistungen seiner Risikosphäre zuzuordnen sind. In diesem Fall muss der Handwerker den Kunden aber unverzüglich informieren und mit ihm beraten, in welchem Umfang die Zusatzarbeiten auszuführen sind. Auch etwaige Mehrkosten muss er dem Kunden mitteilen.

Checkliste: So reklamieren Sie berechnete Mehrleistungen richtig

- Weisen Sie den Handwerker darauf hin, dass die in der Rechnung ausgewiesenen Zusatzarbeiten nicht der Auftragserteilung entsprechen.
- Erklären Sie, dass Sie die vom Handwerker erbrachten Zusatzleistungen nicht akzeptieren und die in Rechnung gestellte zusätzliche Vergütung nicht zahlen werden.
- Verlangen Sie eine neue Rechnung auf Grundlage des Leistungsumfangs, der bei Auftragserteilung beschrieben wurde.

Musterbrief: Verweigerung der Zahlung von Mehrleistungen

Am ... habe ich Sie beauftragt, folgende Arbeiten durchzuführen ... [Bezeichnung der vom Handwerker zu erbringenden Leistungen]. In der mir am ... übersandten Rechnung stellen Sie Zusatzleistungen in Rechnung, die bei der Auftragserteilung nicht vorgesehen waren.

Meines Erachtens handelt es sich bei den von Ihnen erbrachten Mehrleistungen um nicht notwendige Zusatzarbeiten, die ich nicht zu vergüten habe. Unabhängig davon wären Sie verpflichtet gewesen, mich unverzüglich zu informieren, wenn aus Ihrer Sicht Mehrleistungen erforderlich waren.

Ich bin nicht bereit, die eigenmächtig von Ihnen ausgeführten Zusatzarbeiten zu vergüten. Bitte lassen Sie mir eine neue Rechnung auf Grundlage des in der Auftragserteilung beschriebenen Leistungsumfangs zukommen.

WENN DER HANDWERKER BEI DER AUSFÜHRUNG DER ARBEITEN SCHÄDEN VERURSACHT

Haftungsfragen

Der Handwerker haftet dem Kunden für Schäden, die bei der Ausführung der übertragenen Arbeiten entstehen. So haftet beispielsweise der Malermeister dem Kunden auf Schadenersatz, wenn er beim Umsetzen der Leiter ein wertvolles Möbelstück beschädigt. Der Handwerker hat regelmäßig Vorsatz und jede Form der Fahrlässigkeit, also auch leichteste Fahrlässigkeit, zu vertreten. Er hat aber nicht nur für sein eigenes Fehlverhalten einzustehen, sondern auch für das der von ihm eingesetzten Hilfspersonen (§ 278 BGB).

Checkliste: So machen Sie den Schadenersatzanspruch richtig geltend

- Machen Sie den Anspruch schriftlich geltend.
- Erläutern Sie konkret, welcher Schaden Ihnen entstanden ist und wie dieser mit dem Fehlverhalten zusammenhängt.
- Beziffern und belegen Sie den Ihnen entstandenen Schaden.
- Setzen Sie dem Handwerker eine Zahlungsfrist.

Musterbrief: Schadenersatz

Wir hatten am ... die Ausführung folgender Arbeiten durch Sie vereinbart: ... [Beschreibung der Handwerkerleistung]. Bei der Ausführung dieser Arbeiten haben Sie folgenden Schaden verursacht: ... [konkrete Beschreibung des Schadens, z.B. Beschädigung eines Einrichtungsgegenstands].

Ich mache hiermit Schadenersatz in Höhe von ... Euro geltend und fordere Sie auf, mir diesen Betrag bis zum ... auf mein Konto ... zu überweisen. Den entstandenen Schaden weise ich durch die in Kopie beigefügten Belege nach.

RECHTE DES KUNDEN BEI VERZÖGERUNG DER ARBEITEN

Wie im Zusammenhang mit dem Verzug des Verkäufers auf Seite 31 ff. ausgeführt, kann der Kunde bei nicht rechtzeitiger Ausführung der Arbeiten gegenüber dem säumigen Handwerker den Verzögerungsschaden geltend machen (und auf Vertragserfüllung bestehen). Er kann dem Handwerker aber auch eine angemessene Frist setzen und nach deren erfolglosem Ablauf vom Vertrag zurücktreten. Neben dem Rücktritt kann der Kunde unter Umständen Schadenersatz wegen Nichterfüllung verlangen.

02

WENN DER KUNDE TROTZ VERZÖGERUNG VERTRAGSERFÜLLUNG UND ERSATZ DES VERZÖGERUNGSSCHADENS VERLANGEN WILL

Mahnung erforderlich

Der Kunde kann Ersatz für den durch die Verzögerung entstandenen Schaden verlangen, wenn der Handwerker diese verschuldet hat (§§ 280, 286 BGB). Weitere Voraussetzung ist eine Mahnung. Nur ausnahmsweise kommt der Handwerker auch ohne Mahnung in Verzug, so insbesondere wenn ein nach dem Kalender bestimmbarer Leistungstermin vereinbart wurde (z.B. „Durchführung der Arbeiten am ...“ oder „Arbeitsbeginn in der ... Kalenderwoche“).

Checkliste: So mahnen Sie Verzögerungsschaden richtig

- Mahnen Sie den Handwerker aus Beweisgründen schriftlich.
- Setzen Sie dem Handwerker auch eine Frist, innerhalb derer Sie die Ausführung der Arbeiten endgültig erwarten. Mit der Nachfristsetzung erfüllen Sie zugleich die Voraussetzung für einen Rücktritt und einen weitergehenden Schadenersatzanspruch (vgl. dazu unten).
- Weisen Sie den Handwerker darauf hin, dass er für etwaige Schäden, die mit der Leistungsverzögerung zusammenhängen, einzustehen hat.

Musterbrief: Mahnschreiben mit Nachfristsetzung

Wir hatten am ... die Ausführung folgender Arbeiten durch Sie vereinbart: ... [Beschreibung der Handwerkerleistung]. Sie hatten zugesagt, die Arbeiten innerhalb von ... Tagen/Wochen in Angriff zu nehmen. Bis heute ist jedoch nichts geschehen. Ich bitte Sie daher, die Arbeiten bis spätestens zum ... auszuführen.

Schon jetzt mache ich Sie darauf aufmerksam, dass ich Ersatz für etwaige Schäden verlangen werde, die mir durch die verspätete Vertragserfüllung entstehen.

Ersatzfähige Kosten

Der Handwerker hat den Schaden zu ersetzen, der durch die Verzögerung der Arbeiten entstanden ist. Ersatzfähig sind z.B. entgangene Mieteinnahmen oder Rechtsanwaltskosten.

Checkliste: So machen Sie den Verzögerungsschaden richtig geltend

- Machen Sie den Schadenersatzanspruch schriftlich geltend.
- Weisen Sie darauf hin, dass der Handwerker seiner Leistungspflicht nicht rechtzeitig nachgekommen ist.
- Erläutern Sie konkret, welcher Schaden Ihnen entstanden ist und wie dieser mit der Leistungsverzögerung zusammenhängt.
- Beziffern und belegen Sie den Ihnen entstandenen Schaden.
- Setzen Sie dem Handwerker eine Zahlungsfrist.

Musterbrief: Schadenersatz wegen Leistungsverzögerung

Wir hatten am ...die Ausführung folgender Arbeiten durch Sie vereinbart: ... [Beschreibung der Handwerkerleistung]. Sie hatten zugesagt, die Arbeiten innerhalb von ... Tagen/Wochen in Angriff zu nehmen. Nachdem die vereinbarte Frist abgelaufen war, habe ich Ihnen mit Schreiben vom ... eine Mahnung übersandt.

Mittlerweile haben Sie zwar die Arbeiten ausgeführt, durch die Verzögerung ist mir aber folgender Schaden entstanden: ... [konkrete Beschreibung des Schadens, z.B. entgangene Mieteinnahmen]. Den entstandenen Schaden weise ich durch die in Kopie beigefügten Belege nach.

Ich mache hiermit Schadenersatz in Höhe von ... Euro geltend und fordere Sie auf, mir diesen Betrag bis zum ... auf mein Konto ... zu überweisen.

WENN DER KUNDE VOM VERTRAG ZURÜCKTRETEN UND SCHADENERSATZ GELTEND MACHEN WILL

Erfolglose Fristsetzung

Der Kunde kann vom Vertrag zurücktreten, wenn der Handwerker mit der Leistung in Verzug ist, er ihm eine angemessene Nachfrist für die Leistung gesetzt hat und diese erfolglos abgelaufen ist (vgl. dazu Seite 59 f.).

Checkliste: So erklären Sie den Rücktritt richtig

- Erklären Sie den Rücktritt schriftlich. Übersenden Sie den Brief aus Beweisgründen per Einschreiben mit Rückschein.
- Weisen Sie den Handwerker darauf hin, dass er weder auf Ihre Mahnung noch auf die Nachfristsetzung hin seiner Leistungspflicht nachgekommen ist.
- Behalten Sie sich ausdrücklich vor, Schadenersatzansprüche wegen Nichterfüllung des Vertrags geltend zu machen.
- Verlangen Sie eine bereits geleistete Anzahlung zurück. Setzen Sie eine Frist für die Rückzahlung.

Musterbrief: Rücktritt vom Vertrag

Wir hatten am ... die Ausführung folgender Arbeiten durch Sie vereinbart: ... [Beschreibung der Handwerkerleistung]. Sie hatten zugesagt, die Arbeiten innerhalb von ... Tagen/Wochen in Angriff zu nehmen. Weder auf meine Mahnung noch auf die Nachfristsetzung vom ... hin sind Sie Ihrer Leistungspflicht nachgekommen.

Deshalb trete ich hiermit vom Vertrag zurück und behalte mir vor, Schadenersatzansprüche wegen Verzugs geltend zu machen.

Unter den gleichen Voraussetzungen wie beim Rücktritt kann der Kunde wegen der Leistungsverzögerung auch Schadenersatz statt der Leistung geltend machen. Der Schaden kann z.B. darin bestehen, dass er einen anderen Handwerker mit der Ausführung der Arbeiten beauftragt hat und eine höhere Vergütung zahlen muss. Voraussetzung für den Schadenersatzanspruch ist, dass der Handwerker den Umstand, warum er den Auftrag nicht rechtzeitig ausgeführt hat, verschuldet hat (vgl. dazu Seite 59 f.).

Checkliste: So machen Sie Schadenersatz wegen Nichterfüllung richtig geltend

- Machen Sie den Schadenersatzanspruch schriftlich geltend.
- Weisen Sie den Handwerker darauf hin, dass er weder auf Ihre Mahnung noch auf die Nachfristsetzung hin seiner Leistungspflicht nachgekommen ist.
- Erläutern Sie konkret, welcher Schaden Ihnen entstanden ist und wie dieser mit der Leistungsverzögerung zusammenhängt.
- Beziffern und belegen Sie den Ihnen entstandenen Schaden.
- Setzen Sie dem Handwerker eine Zahlungsfrist.

Musterbrief: Schadenersatz wegen Nichterfüllung

Wir hatten am ... die Ausführung folgender Arbeiten durch Sie vereinbart: ... [Beschreibung der Handwerkerleistung]. Sie hatten zugesagt, die Arbeiten innerhalb von ... Tagen/Wochen in Angriff zu nehmen. Weder auf meine Mahnung noch auf die Nachfristsetzung vom ... hin sind Sie Ihrer Leistungspflicht nachgekommen. Mit Schreiben vom ... bin deshalb vom Vertrag zurückgetreten.

Wegen der Nichterfüllung des Vertrags ist mir ein Schaden in Höhe von ... Euro entstanden. ... [Erläuterung des Schadens und der Schadenshöhe; z.B. Preisdifferenz, wenn ein anderer Handwerker beauftragt wurde, der die Arbeiten gegen eine höhere Vergütung durchführte]. Den entstandenen Schaden weise ich durch die in Kopie beigefügten Belege nach.

Ich mache hiermit Schadenersatz in Höhe von ... Euro geltend und fordere Sie auf, mir diesen Betrag bis zum ... auf mein Konto ... zu überweisen.

RECHTE DES KUNDEN BEI MANGELHAFTEN HANDWERKERLEISTUNGEN

Nach Abschluss seiner Arbeiten erwartet der Handwerker vom Kunden, dass er die erbrachten Leistungen begutachtet und billigt. In diesem Zusammenhang spricht der Jurist von der Abnahme des Werks. Ist die Leistung des Handwerkers mangelhaft, darf der Kunde die Abnahme verweigern. Gleichwohl sind dem Kunden gesetzlich auch dann noch Rechte eingeräumt, wenn sich das Werk nach der Abnahme als mangelhaft erweist.

Tipp

Weitere Informationen über die Rechte und Pflichten des Kunden als Auftraggeber bietet der Ratgeber „Handwerker und Kundendienste" der Verbraucherzentralen (www.vz-ratgeber.de).

Die gesetzlich eingeräumten Kundenansprüche unterliegen der Verjährung (§ 634a BGB). Mit der Abnahme des Werks (siehe unten) beginnt die Verjährungsfrist zu laufen. Ob der Mangel erkennbar ist oder nicht, hat dabei keine Bedeutung.

Bei Werken, deren Erfolg in der Herstellung, Wartung oder Veränderung einer Sache (außer eines Bauwerks) oder in der Erbringung von Planungs- und Überwachungsleistungen (insbesondere von Architekten und Bauleitern) hierfür besteht, beträgt die Verjährungsfrist zwei Jahre; sie gilt insbesondere bei Reparatur- und Wartungsarbeiten an Maschinen und Anlagen.

Bei mangelhaften Arbeiten an Bauwerken hat der Kunde fünf Jahre lang Zeit, deren Ausführung zu beanstanden. Als Bauwerk bzw. Arbeiten an einem Bauwerk werden von den Gerichten auch umfangreiche Malerarbeiten mit umfassender

Renovierung des gesamten Hauses, der Einbau einer Klimaanlage, die Verlegung eines fest verklebten Teppichbodens auf dem Estrich oder das Einpassen einer maßgeschneiderten Einbauküche angesehen.

Die regelmäßige Verjährungsfrist von drei Jahren gilt, wenn der Handwerker den Mangel arglistig verschwiegen hat. Dies ist der Fall, wenn dieser wohl um den Mangel weiß, dem Kunden diesen aber nicht offenbart – obgleich er davon ausgehen kann, dass der Auftraggeber die Abnahme verweigern würde, wenn er von der mangelhaften Ausführung wüsste. Die regelmäßige Verjährungsfrist bei Bauwerken endet aber nicht vor Ablauf von fünf Jahren.

WENN DER KUNDE DIE ABNAHME DER ARBEITEN VERWEIGERN WILL

Wesentlicher Mangel

Die besten Karten hat der Kunde, wenn er das Werk bei einer mangelhaften Leistung des Handwerkers nicht abnimmt (§ 640 BGB). Allerdings darf die Abnahme nicht wegen unwesentlicher Mängel verweigert werden. Wird sie jedoch wegen eines wesentlichen Mangels abgelehnt, muss der Kunde weder die vereinbarte Vergütung noch eine Teilzahlung entrichten. Der beanstandete Mangel muss nur in seinem äußeren Erscheinungsbild, nicht in seinen Ursachen, bezeichnet werden. Dagegen ist der Handwerker in der Pflicht zu beweisen, dass kein beziehungsweise nur ein unwesentlicher Mangel vorliegt.

Checkliste: So reklamieren Sie Mängel richtig

- Verweigern Sie die Abnahme der mangelhaften Leistung aus Beweisgründen schriftlich.
- Zählen Sie die von Ihnen festgestellten Mängel detailliert auf und beschreiben Sie diese.
- Weisen Sie den Handwerker darauf hin, dass es sich um wesentliche Mängel handelt.
- Bringen Sie klar und eindeutig zum Ausdruck, dass Sie die Abnahme verweigern.
- Verlangen Sie vom Handwerker die Beseitigung der Mängel. Setzen Sie ihm hierfür eine angemessene Frist (im Regelfall ein bis zwei Wochen).

Musterbrief: Verweigerung der Abnahme

Die von Ihnen ausgeführten Leistungen weisen wesentliche Mängel auf. Im Einzelnen handelt es sich dabei um folgende Mängel: … [detaillierte Aufzählung und Beschreibung der Mängel].

Aufgrund dieser wesentlichen Mängel bin ich berechtigt, die Abnahme zu verweigern. Ich erkläre deshalb hiermit ausdrücklich, dass die Abnahme von mir verweigert wird.

Gleichzeitig fordere ich Sie auf, diese Mängel bis spätestens … vollständig und ordnungsgemäß zu beseitigen.

WENN DER KUNDE WEGEN DES MANGELS NACHERFÜLLUNG VERLANGEN WILL

Wenn der Handwerker gepfuscht hat, muss ihm der Kunde zunächst Gelegenheit geben, seinen Fehler wieder gutzumachen und seine vertraglichen Verpflichtungen zu erfüllen (Nacherfüllung). Hierbei kann der Handwerker wählen, ob er dies durch eine Beseitigung der Mängel oder durch Neuherstellung tun will (§ 635 Abs. 1 BGB).

Alle Kosten zu Lasten des Handwerkers

Der Nacherfüllungsanspruch des Kunden umfasst den gesamten Aufwand, der zur Beseitigung des Mangels notwendig ist. Neben den unmittelbaren Kosten hierfür hat der Handwerker auch alle Nebenkosten für Vor- und Nacharbeiten zu tragen, insbesondere Transport-, Wege-, Arbeits- und Materialkosten (§ 635 Abs. 2 BGB). Die Kosten der Nacherfüllung kann der Handwerker nicht auf den Kunden abwälzen. Dies gilt auch dann, wenn er auf eine Klausel in seinem Kleingedruckten verweist, nach der der Kunde die Aufwendungen bei der Nacherfüllung tragen muss. Eine solche Allgemeine Geschäftsbedingung ist nach § 309 Nr. 8b cc BGB unwirksam.

Checkliste: So machen Sie Ihren Nacherfüllungsanspruch richtig geltend

- Verlangen Sie vom Handwerker schriftlich Nacherfüllung. Schicken Sie ihm das Schreiben aus Beweisgründen per Einschreiben mit Rückschein.
- Setzen Sie dem Handwerker für die Ausführung der Arbeiten eine angemessene Frist (im Regelfall ein bis zwei Wochen).
- Achten Sie auf die Verjährungsfrist (vgl. Seite 63 f.).
- Sie können einen angemessenen Teil der vom Handwerker in Rechnung gestellten Vergütung verweigern; angemessen ist in der Regel das Doppelte der für die Beseitigung des Mangels erforderlichen Kosten (§ 641 Abs. 3 BGB).

Musterbrief: Aufforderung zur Nacherfüllung

Wir hatten am ... die Ausführung folgender Arbeiten durch Sie vereinbart: ... [Beschreibung der Handwerkerleistung]. Die aufgrund des Vertrags von Ihnen vorgenommenen Arbeiten weisen allerdings erhebliche Mängel auf. Insbesondere ergeben sich folgende Beanstandungen: ... [Aufzählung und genaue Beschreibung der einzelnen Mängel].

Ich fordere Sie hiermit auf, diese Mängel bis ... zu beseitigen. Bis zum Abschluss der erforderlichen Nacherfüllung mache ich von meinem Recht Gebrauch, die Zahlung der Vergütung in Höhe von ... Euro zu verweigern.

WENN DER KUNDE DEN MANGEL SELBST BESEITIGEN ODER BESEITIGEN LASSEN WILL

Mit der Selbstvornahme hat der Kunde die Möglichkeit, den Mangel des Werks selbst zu beseitigen oder beseitigen zu lassen und vom Handwerker Ersatz für die erforderlichen Aufwendungen zu verlangen (§ 637 Abs. 1 BGB). Voraussetzung hierfür ist allerdings, dass eine angemessene Frist zur Nacherfüllung gesetzt wurde und diese erfolglos abgelaufen ist. Nur wenn der Handwerker die Nacherfüllung ernsthaft endgültig verweigert oder die Nacherfüllung fehlgeschlagen ist, wird die Fristsetzung ausnahmsweise entbehrlich.

Notwendige Kosten ersatzfähig

Hat der Handwerker die Mängel nicht fristgemäß beseitigt, kann der Kunde den vertragsgemäßen Zustand danach selbst herstellen oder herstellen lassen. Die hierfür erforderlichen Aufwendungen hat der Handwerker zu tragen. Ersatzfähig sind aber nur die tatsächlich notwendigen Kosten.

Checkliste: So machen Sie Kostenersatz richtig geltend

- Machen Sie Ihren Anspruch auf Kostenersatz schriftlich geltend.
- Weisen Sie den Handwerker darauf hin, dass Sie ihn innerhalb der von Ihnen bestimmten Frist zur Beseitigung der Mängel aufgefordert haben und er dieser Aufforderung nicht nachgekommen ist.
- Verlangen Sie vom Handwerker Ersatz der Ihnen entstandenen Aufwendungen und setzen Sie eine Zahlungsfrist. Belegen Sie Ihre Aufwendungen durch entsprechende Belege.
- Achten Sie auf die Verjährungsfrist (vgl. Seite 63 f.).

Musterbrief: Kostenersatz der Selbstvornahme

Wir hatten am ... die Ausführung folgender Arbeiten durch Sie vereinbart: ... [Beschreibung der Handwerkerleistung]. Nachdem die von Ihnen vorgenommenen Arbeiten erhebliche Mängel aufwiesen, habe ich Sie mit Schreiben vom ... aufgefordert, diese Mängel bis ... zu beseitigen.

Dieser Aufforderung sind Sie nicht nachgekommen. Deshalb habe ich von der Möglichkeit der Selbstvornahme nach § 637 BGB Gebrauch gemacht, indem ich einen anderen Handwerker beauftragt habe, die Mängel zu beseitigen. Dabei sind mir Kosten in Höhe von ... Euro entstanden. Kopien der Quittungen liegen diesem Schreiben bei.

Ich fordere Sie auf, mir den Gesamtbetrag von ... Euro bis zum ... auf mein Konto ... zu überweisen.

Kostenvorschuss

Der Kunde kann vom Handwerker einen Kostenvorschuss für die erforderlichen Aufwendungen zur Beseitigung der Mängel verlangen (§ 637 Abs. 3 BGB). Der Betrag sollte sich an den voraussichtlich anfallenden Kosten orientieren, weshalb es sinnvoll ist, den Vorschuss auf Grundlage eines Kostenvoranschlags zu bemessen.

Checkliste: So fordern Sie den Kostenvorschuss richtig ein

- Machen Sie Ihren Anspruch auf Kostenvorschuss schriftlich geltend.
- Weisen Sie den Handwerker darauf hin, dass Sie ihn innerhalb der von Ihnen bestimmten Frist zur Beseitigung der Mängel aufgefordert haben und er dieser Aufforderung nicht nachgekommen ist.
- Verlangen Sie den Kostenvorschuss und setzen Sie eine Zahlungsfrist.
- Der Vorschuss sollte sich an den voraussichtlich anfallenden Kosten orientieren, weshalb es sinnvoll ist, diesen auf Grundlage eines Kostenvoranschlags zu bemessen.
- Weisen Sie darauf hin, dass Sie nach Abschluss der Arbeiten die Rechnung über die Beseitigung der Mängel vorlegen werden, auf deren Grundlage dann abgerechnet werden kann.

Musterbrief: Anforderung eines Kostenvorschusses

Wir hatten am ... die Ausführung folgender Arbeiten durch Sie vereinbart: ... [Beschreibung der Handwerkerleistung]. Nachdem die von Ihnen vorgenommenen Arbeiten erhebliche Mängel aufwiesen, habe ich Sie mit Schreiben vom ... aufgefordert, diese Mängel bis ... zu beseitigen.

Nachdem die Mängel nicht fristgemäß beseitigt worden sind, habe ich einen anderen Handwerker mit der Beseitigung der Mängel beauftragt. Ausweislich des in Kopie beigefügten Kostenvoranschlags der Firma ... vom ... werden für die vertragsgemäße Herstellung des Werks voraussichtlich ... Euro aufzuwenden sein.

Ich fordere Sie hiermit auf, diesen Betrag als Vorschuss bis ... auf mein Konto ... zu überweisen. Nach Abschluss der Arbeiten werde ich Ihnen die Rechnung vorlegen, auf deren Grundlage dann eine genaue Abrechnung erfolgen kann.

WENN DIE NACHERFÜLLUNG FEHLGESCHLAGEN IST UND DER KUNDE VOM AUFTRAG ZURÜCKTRETEN WILL

Bei mangelhafter Handwerkerleistung kann der Kunde vom Vertrag zurücktreten, wenn der Mangel angezeigt und dem Handwerker eine angemessene Frist für dessen Beseitigung gesetzt wurde und diese erfolglos verstrichen ist (§ 634 Nr. 3, 636 BGB). Bei einem nur unerheblichen Mangel kann der Kunde allerdings nicht vom Vertrag zurücktreten, sondern hat er nur das Recht, den vereinbarten Werklohn zu mindern (vgl. unten).

Rückzahlung der Vergütung

Tritt der Kunde wegen eines wesentlichen Mangels vom Vertrag zurück, wird dieser rückgängig gemacht. Der Handwerker muss dem Kunden die gezahlte Vergütung zurückzahlen und kann im Gegenzug die von ihm eingesetzten Materialien zurückverlangen. Wenn es dem Kunden nicht möglich ist, die erbrachte Leistung zurückzugeben (z. B. wenn der verlegte Teppichboden vollständig auf den Estrich geklebt wurde), muss er dem Handwerker den Wert des mangelhaften Werks vergüten, soweit die Leistung nicht wertlos ist.

Checkliste: So erklären Sie den Rücktritt vom Vertrag richtig

- Erklären Sie den Rücktritt schriftlich. Übersenden Sie das Schreiben an den Handwerker aus Beweisgründen per Einschreiben mit Rückschein.
- Weisen Sie den Handwerker darauf hin, dass Sie ihn zur Beseitigung der Mängel innerhalb der von Ihnen bestimmten Frist aufgefordert haben und er dieser Aufforderung nicht nachgekommen ist.
- Erklären Sie ausdrücklich den Rücktritt vom Vertrag und verlangen Sie gegebenenfalls eine bereits geleistete Anzahlung zurück.
- Behalten Sie sich ausdrücklich vor, gegebenenfalls Schadenersatzanspruch geltend zu machen.
- Erklären Sie den Rücktritt innerhalb der Verjährungsfrist (vgl. Seite 63 f.). Andernfalls ist er nicht mehr zulässig (§§ 634a Abs. 4, 218 BGB).

Musterbrief: Rücktritt vom Vertrag

Wir hatten am ... die Ausführung folgender Arbeiten durch Sie vereinbart: ... [Beschreibung der Handwerkerleistung]. Nachdem die von Ihnen vorgenommenen Arbeiten erhebliche Mängel aufwiesen, habe ich Sie mit Schreiben vom ... aufgefordert, diese Mängel bis ... zu beseitigen.

Nachdem die Mängel nicht fristgemäß beseitigt worden sind, trete ich hiermit vom Vertrag zurück.

Eventuelle weitere Ansprüche behalte ich mir vor.

MINDERUNG DER VERGÜTUNG BEI FEHLGESCHLAGENER NACHERFÜLLUNG

Minderung auch bei unerheblichem Mangel

Anstatt wegen eines Mangels und unterbliebener Nacherfüllung vom Vertrag zurückzutreten, kann der Kunde daran festhalten und die Vergütung des Handwerkers mindern (§ 638 BGB). Die Minderung kommt (im Gegensatz zum Rücktritt) auch bei einem unerheblichen Mangel in Betracht. Wenn der Kunde die vereinbarte Vergütung mindert, verliert er seinen Anspruch auf Nacherfüllung. Auch der Rücktritt ist durch die Minderung ausgeschlossen. Schadenersatzansprüche (vgl.

unten) kann der Kunde dagegen grundsätzlich neben der Minderung geltend machen.

Checkliste: So mindern Sie die Vergütung richtig

- Erklären Sie die Minderung der Vergütung aus Beweisgründen schriftlich.
- Weisen Sie den Handwerker darauf hin, dass Sie ihn zur Beseitigung der Mängel innerhalb der von Ihnen bestimmten Frist aufgefordert haben und er dieser Aufforderung nicht nachgekommen ist.
- Schätzen Sie den Minderungsbetrag (§ 638 Abs. 3 Satz 2 BGB). Orientieren Sie sich bei der Minderung daran, welche fiktiven Kosten für die Beseitigung des Mangels anfallen würden. Einen nach der Mängelbeseitigung möglicherweise verbleibenden Minderwert können Sie noch dazurechnen.
- Ziehen Sie den Minderungsbetrag von der in Rechnung gestellten Vergütung ab.
- Mindern Sie die Vergütung innerhalb der Verjährungsfrist (vgl. Seite 63 f.). Andernfalls ist eine Minderung nicht mehr zulässig (§§ 634a Abs. 5, 218 BGB).

Musterbrief: Minderung der Vergütung

Wir hatten am ... die Ausführung folgender Arbeiten durch Sie vereinbart: ... [Beschreibung der Handwerkerleistung]. Nachdem die von Ihnen vorgenommenen Arbeiten erhebliche Mängel aufwiesen, habe ich Sie mit Schreiben vom ... aufgefordert, diese Mängel bis ... zu beseitigen.

Nachdem die Mängel nicht fristgemäß beseitigt worden sind, mindere ich die Vergütung von ... Euro um ... Euro. Diesen Betrag werde ich von der in Rechnung gestellten Vergütung abziehen.

WENN DER KUNDE WEGEN DES MANGELS SCHADENERSATZ GELTEND MACHEN WILL

Neben Nacherfüllung, Rücktritt oder Minderung kann der Kunde vom Handwerker Schadenersatz verlangen. Voraussetzung ist, dass er ihm den Mangel angezeigt sowie eine angemessene Frist für dessen Beseitigung gesetzt hat und diese Frist erfolglos verstrichen ist, der Handwerker den Mangel verschuldet hat und dem Kunden dadurch ein Schaden entstanden ist (§ 634 Nr. 4 BGB). Weil gesetzlich vermutet wird, dass der Handwerker den Mangel verschuldet hat, muss der Kunde dies nicht beweisen. Vielmehr muss der Handwerker den Beweis erbringen, dass er nicht schuldhaft gehandelt hat.

Schadenersatz bei Folgeschäden

Schadenersatz kann der Kunde verlangen, wenn es wegen einer mangelhaften Handwerkerleistung zu einem Folgeschaden kommt (wegen fehlerhafter Abdichtungsarbeiten bei der Haussanierung dringt Feuchtigkeit ins Mauerwerk ein und die dort verlegten Heizungsrohre beginnen zu rosten). Aber auch wenn der Handwerker mit der Renovierung nicht rechtzeitig fertig wird und der Kunde vorübergehend ein Hotelzimmer beziehen oder wenn ein Mangel erst durch einen Sachverständigen festgestellt werden muss und dem Kunden dadurch Kosten entstehen, ist Schadenersatz angesagt.

Checkliste: So machen Sie den Schadenersatzanspruch richtig geltend

- Machen Sie den Schadenersatzanspruch schriftlich geltend.
- Weisen Sie den Handwerker darauf hin, dass Sie ihn zur Beseitigung der Mängel innerhalb der von Ihnen bestimmten Frist aufgefordert haben und er dieser Aufforderung nicht nachgekommen ist.
- Erläutern Sie konkret, welcher Schaden Ihnen entstanden ist und wie dieser mit der Leistungsverzögerung zusammenhängt.
- Beziffern und belegen Sie den Ihnen entstandenen Schaden. Setzen Sie dem Handwerker eine Zahlungsfrist.

Musterbrief: Schadenersatz

Wir hatten am ... die Ausführung folgender Arbeiten durch Sie vereinbart: ... [Beschreibung der Handwerkerleistung]. Nachdem die von Ihnen vorgenommenen Arbeiten erhebliche Mängel aufwiesen, habe ich Sie mit Schreiben vom ... aufgefordert, diese Mängel bis ... zu beseitigen.

Nachdem die Mängel nicht fristgemäß beseitigt worden sind, mache ich Ersatz des mir entstandenen Schadens geltend. Dieser berechnet sich wie folgt: ...

Ich fordere Sie hiermit auf, den genannten Schadenersatz in Höhe von ... Euro bis spätestens ... auf mein Konto ... zu überweisen.

Vorsicht

Wenn Sie vom Handwerker wegen eines mangelhaften Werks Schadenersatz geltend machen wollen, sollten Sie einen fachkundigen Anwalt einschalten. Die Rechtslage ist einigermaßen kompliziert und in der Praxis gibt es immer wieder Probleme mit der Bemessung der Schadenshöhe.

RECHTE DES KUNDEN IN BEZUG AUF DIE VERGÜTUNG

WENN DER HANDWERKER ABSCHLAGSZAHLUNGEN IN RECHNUNG STELLT

Grundsätzlich kann der Handwerker die Bezahlung der vereinbarten Vergütung erst nach Abnahme des Werks verlangen. Weil er – insbesondere bei Bauleistungen – durch Material- und Personalkosten zunächst jedoch über Wochen und Monate finanziell belastet wird, räumt ihm § 632a BGB das Recht ein, vom Kunden unter bestimmten Voraussetzungen Abschlagszahlungen zu verlangen.

Der Handwerker kann Abschlagszahlungen in Höhe des Werts der jeweils nachgewiesenen vertragsgemäß erbrachten Leistungen verlangen, die dem Kunden nicht mehr entzogen werden können. Diese sind durch eine überprüfbare Aufstellung nachzuweisen, die deren rasche und sichere Beurteilung ermöglichen muss. Abschlagszahlungen können auch für Stoffe oder Bauteile verlangt werden, die angeliefert oder nach der Wahl der Kunden eigens angefertigt und bereitgestellt sind und in dessen Eigentum übergehen.

Tipp

Weitere Informationen über die Rechte und Pflichten des Kunden als Auftraggeber bietet der Ratgeber „Handwerker und Kundendienste" der Verbraucherzentralen (www.vz-ratgeber.de).

Wegen wesentlicher Mängel darf der Kunde die Zahlung eines angemessenen Teils der vom Handwerker geforderten Abschlagszahlung verweigern. Angemessen ist im Regelfall das Doppelte der für die Beseitigung des Mangels erforderlichen Kosten (§§ 632a Abs. 1 Satz 3, 641 Abs. 3 BGB).

Checkliste: So reklamieren Sie Abschlagszahlungen richtig

- Weisen Sie den Handwerker auf die vorliegenden erheblichen Mängel hin. Beschreiben Sie die Mängel konkret.
- Erklären Sie ausdrücklich, dass Sie die Zahlung eines Teils der Abschlagszahlung wegen der erheblichen Mängel verweigern.
- Erklären Sie, dass Sie den Rest der in Rechnung gestellten Abschlagszahlung nach Beseitigung der Mängel zahlen werden.
- Weisen Sie den Handwerker darauf hin, dass Sie ihn zur Mängelbeseitigung noch mit gesondertem Schreiben auffordern werden.

Musterbrief: Verweigerung von Abschlagszahlungen

Mit Schreiben vom ... stellen Sie mir für ... [Bezeichnung der vom Handwerker erbrachten Leistungen] eine Abschlagszahlung in Höhe von ... Euro in Rechnung. Die von Ihnen vorgenommenen Arbeiten weisen allerdings erhebliche Mängel auf. Insbesondere ergeben sich folgende Beanstandungen: ... [genaue Beschreibung der Mängel].

Nach §§ 632a Abs. 1 Satz 3, 641 Abs. 3 BGB bin ich berechtigt, die Zahlung eines angemessenen Teils der Vergütung zu verweigern, wobei im Regelfall das Doppelte der für die Beseitigung der Mängel erforderlichen Kosten als angemessen gilt. Nach meiner Schätzung betragen die im Zusammenhang mit der Beseitigung der Mängel erforderlichen Aufwendungen ... Euro. Ich verweigere deshalb die Zahlung in Höhe von ... Euro.

Die im Übrigen fällige Abschlagszahlung in Höhe von ... Euro werde ich Ihnen überweisen. Die Restzahlung erfolgt, sobald Sie die Mängel beseitigt haben.

Die Aufforderung zur Beseitigung der Mängel erhalten Sie mit gesondertem Schreiben.

02

WENN DER HANDWERKER EINEN KOSTENVORANSCHLAG ERSTELLT HAT

Mit einem Kostenvoranschlag gibt der Handwerker dem Kunden Auskunft über die voraussichtlich entstehenden Kosten für den gewünschten Auftrag. Somit kann der Kostenvoranschlag eine wichtige Entscheidungsgrundlage für die Auftragsvergabe sein, eine endgültige Festlegung bedeutet er jedoch nicht. Im Regelfall ist nämlich der Kostenvoranschlag unverbindlich, das heißt, dass die Höhe der Vergütung erst nach Vornahme der Arbeiten errechnet wird.

Wenn der Handwerker für den Kostenvoranschlag eine Vergütung in Rechnung stellt

Für die Erstellung eines Kostenvoranschlags muss der Kunde nur zahlen, wenn dies ausdrücklich so vereinbart ist; andernfalls ist er kostenlos (§ 632 Abs. 3 BGB). Und ob ein Kostenvoranschlag gegen eine Vergütung vereinbart wurde, muss der Unternehmer beweisen.

Vergütung nur nach Absprache

Der Kunde muss auch ausdrücklich darauf hingewiesen werden, wenn der Auftragnehmer für seinen Kostenvoranschlag eine Vergütung berechnet. Es reicht nicht aus, ihn auf eine entsprechende Regelung in den Allgemeinen Geschäftsbedingungen aufmerksam zu machen, die der Kunde durch seine Unterschrift akzeptiert habe. Eine solche Klausel ist unwirksam.

Checkliste: So reklamieren Sie in Rechnung gestellte Kostenvoranschläge richtig

- Weisen Sie die in Rechnung gestellte Vergütung für den Kostenvoranschlag schriftlich zurück.
- Verweisen Sie darauf, dass Sie nur bei einer ausdrücklichen Vereinbarung verpflichtet sind, die Kosten zu übernehmen, eine entsprechende Abrede aber nicht getroffen wurde.

Musterbrief: Zurückweisung der in Rechnung gestellten Angebotskosten

Mit Schreiben vom ... stellen Sie mir Ihre Kosten in Höhe von ... Euro für die Erstellung des Kostenvoranschlags für ... (Bezeichnung der angebotenen Leistungen) in Rechnung. Die mit der Erstellung des Kostenvoranschlags verbundenen Aufwendungen gehen grundsätzlich zu Ihren Lasten. Nach § 632 Abs. 3 BGB ist ein Kostenvoranschlag im Zweifel nicht zu vergüten. Eine Vereinbarung, wonach ich die Kosten zu tragen habe, besteht nicht. Ich bin deshalb nicht bereit, eine Vergütung für den Kostenvoranschlag zu zahlen.

Wenn der Handwerker den unverbindlichen Kostenvoranschlag überschreitet

Bei einem unverbindlichen Kostenvoranschlag darf die Rechnung zwar höher ausfallen (z. B. weil für den Auftragnehmer durch unvorhergesehene Ereignisse ein erheblicher Mehraufwand entsteht), doch wenn die veranschlagten Kosten „wesentlich" überschritten werden, ist der Handwerker verpflichtet, den Kunden unverzüglich, das heißt sobald als möglich, zu informieren (§ 650 Abs. 2 BGB).

Wesentliche Überschreitung von 20 Prozent

Wann eine „wesentliche" Überschreitung des Kostenvoranschlags vorliegt, regelt das Gesetz nicht. Eine Überschreitung von bis zu 20 Prozent – in besonderen Ausnahmefällen sogar bis zu 25 Prozent – wird von der Rechtsprechung noch als unwesentlich und damit als vertretbare Abweichung toleriert. Als Richtschnur sollte gelten, dass die Rechnung den Kostenvoranschlag um höchstens 15 bis 20 Prozent überschreiten kann. Eine unwesentliche Überschreitung des Kostenvoranschlags muss vom Kunden akzeptiert werden. Aber auch in diesem Fall sollte der Mehrbetrag nur bezahlt werden, wenn der Auftragnehmer plausibel begründen kann, warum es teurer als kalkuliert geworden ist.

Bei einer wesentlichen Überschreitung des Kostenvoranschlags räumt das Gesetz dem Kunden ein außerordentliches

Kündigungsrecht ein. Wird der Auftrag gekündigt, kann der Unternehmer nur den Teil der Vergütung verlangen, der den bereits geleisteten Arbeiten entspricht. Dabei sind die vom Auftragnehmer tatsächlich schon erbrachten Leistungen ins Verhältnis zur vereinbarten Gesamtvergütung zu setzen. Hat der Handwerker also das Werk zu drei Vierteln erbracht, kann er 75 Prozent der Vergütung in Rechnung stellen.

02

Checkliste: So kündigen Sie bei Überschreitung des Kostenvoranschlags richtig

- Kündigen Sie schriftlich. Übersenden Sie das Kündigungsschreiben aus Beweisgründen per Einschreiben mit Rückschein.
- Weisen Sie darauf hin, dass der Kostenvoranschlag nach Mitteilung des Handwerkers wesentlich überschritten wird.
- Beziehen Sie sich auf Ihr gesetzliches Sonderkündigungsrecht.

Musterbrief: Kündigung wegen wesentlicher Überschreitung des unverbindlichen Kostenvoranschlags

Am ... habe ich Sie beauftragt, folgende Arbeiten durchzuführen ... [Bezeichnung der vom Handwerker zu erbringenden Leistungen]. Grundlage für die Auftragserteilung war Ihr Kostenvoranschlag vom ...

Aufgrund der von Ihnen angezeigten Überschreitung des Kostenvoranschlags vom ... um circa ... Prozent kündige ich den Vertrag mit sofortiger Wirkung. Insoweit verweise ich auf mein gesetzliches Sonderkündigungsrecht gemäß § 650 Abs. 1 BGB.

Wegen der bereits geleisteten Arbeiten bitte ich um anteilige Abrechnung.

Schadenersatz bei fehlender Information

Versäumt es der Handwerker, den Kunden über eine wesentliche Überschreitung des Kostenvoranschlags zu informieren, kann der Kunde Schadenersatz verlangen. In der Regel ist davon auszugehen, dass der Unternehmer die Mehrkosten dann verschuldet hat. Um den entstandenen Schaden zu bestimmen, ist ausschlaggebend, welche Entscheidung der Kunde

Tipp
Weil die Schadensberechnung recht kompliziert ist, sollten Sie unbedingt fachkundigen Rat einholen.

bei rechtzeitiger Information über die tatsächlich entstehenden Kosten getroffen hätte: Wäre der Auftrag dann gar nicht erst erteilt worden, würde auch der Anspruch des Unternehmers auf die Vergütung entfallen.

WENN DER KUNDE DIE HANDWERKER-RECHNUNG BEANSTANDEN WILL

Wenn der Kunde mit einzelnen Rechnungsposten nicht einverstanden ist

Wenn zwischen dem Handwerker und dem Kunden nichts anderes vereinbart ist, muss der Kunde die Vergütung bei Abnahme des Werks entrichten (§ 641 BGB). In der Regel wird der Handwerker dem Kunden eine Rechnung schicken. Ist nach Einheitspreisen oder nach Stundenlöhnen abzurechnen, muss der Handwerker in jedem Fall eine Rechnung stellen; vorher steht ihm die Vergütung nicht zu.

Nachprüfbare Rechnung

Die Rechnung des Handwerkers muss nachprüfbar sein. Der Kunde muss also ohne besondere fachmännische Kenntnisse nachvollziehen können, welche Leistungen der Handwerker zu welchen Preisen abrechnet. Ist die Rechnung oder sind einzelne Rechnungsposten nicht nachprüfbar, kann der Kunde die Zahlung verweigern.

Checkliste: So reklamieren Sie einzelne Rechnungsposten richtig

- Weisen Sie den Handwerker darauf hin, dass die Rechnung bzw. einzelne Rechnungsposten nicht nachprüfbar sind.
- Bitten Sie ausdrücklich um entsprechende Erläuterung.
- Verweigern Sie die Zahlung der beanstandeten Beträge.
- Erklären Sie, dass Sie weitere Zahlungen gegebenenfalls leisten werden, wenn Ihnen die Erläuterung der beanstandeten Rechnungsposten vorliegt.

Musterbrief: Beanstandung der Handwerkerrechnung

Ihre Rechnung vom ... habe ich erhalten. Wegen folgender Rechnungsposten möchte ich Sie um Erläuterung bitten: ... [Benennung der Rechnungsposten].

Ich werde deshalb zunächst nur den Betrag von ... Euro [anerkannte Summe) überweisen. Weitere Zahlungen werde ich gegebenenfalls veranlassen, wenn mir Ihre Erläuterung der beanstandeten Rechnungsposten vorliegt.

Wenn der Handwerker die Rechnung stellt, aber noch Mängel zu beseitigen sind

Angemessener Betrag

Wegen wesentlicher Mängel darf der Kunde die Zahlung eines angemessenen Teils der vom Handwerker geforderten Vergütung verweigern. Angemessen ist im Regelfall das Doppelte der für die Beseitigung des Mangels erforderlichen Kosten (§§ 632a Abs. 1 Satz 3, 641 Abs. 3 BGB).

Checkliste: So reklamieren Sie die Mängelbeseitigung richtig

- Weisen Sie den Handwerker auf die vorliegenden erheblichen Mängel hin. Beschreiben Sie die Mängel konkret.
- Erklären Sie ausdrücklich, dass Sie die Zahlung eines Teils der Vergütung wegen der erheblichen Mängel verweigern.
- Erklären Sie, dass Sie den Rest der in Rechnung gestellten Vergütung zahlen werden, wenn die Mängel beseitigt sind.
- Weisen Sie den Handwerker darauf hin, dass Sie ihn noch mit gesondertem Schreiben auffordern werden, die Mängel zu beseitigen.

Musterbrief: Verweigerung eines Teils der Vergütung wegen Mängeln

Mit Schreiben vom ... stellen Sie mir für ... [Bezeichnung der vom Handwerker erbrachten Leistungen] die Vergütung in Höhe von ... Euro in Rechnung. Die von Ihnen vorgenommenen Arbeiten weisen allerdings erhebliche Mängel auf. Insbesondere ergeben sich folgende Beanstandungen: ... [genaue Beschreibung der Mängel].

Nach §§ 632a Abs. 1 Satz 3, 641 Abs. 3 BGB bin ich berechtigt, die Zahlung eines angemessenen Teils der Vergütung zu verweigern, wobei im Regelfall das Doppelte der für die Beseitigung der Mängel erforderlichen Kosten als angemessen gilt. Nach meiner Schätzung betragen die dazu notwendigen Aufwendungen ... Euro. Ich verweigere deshalb die Zahlung in Höhe von ... Euro.

Die im Übrigen fällige Vergütung in Höhe von ... Euro werde ich Ihnen überweisen. Die Restzahlung erfolgt, sobald Sie die Mängel beseitigt haben.

Die Aufforderung zur Beseitigung der Mängel erhalten Sie mit gesondertem Schreiben.

Wenn der Werklohn verjährt ist

Verjährungsfrist

Der Anspruch des Handwerkers auf den Werklohn verjährt innerhalb von drei Jahren (§ 195 BGB). Die Verjährungsfrist beginnt mit dem Schluss des Jahres, in dem der Anspruch entstanden ist (§ 199 Abs. 1 BGB). Nach Eintritt der Verjährung ist der Auftraggeber berechtigt, die Zahlung zu verweigern (§ 214 Abs. 1 BGB).

Checkliste: So reklamieren Sie die Verjährung richtig

- Machen Sie den Handwerker schriftlich darauf aufmerksam, dass der Werklohn verjährt ist.
- Erklären Sie ausdrücklich, dass Sie wegen der Verjährung die Zahlung verweigern und die Einrede der Verjährung erheben.

Musterbrief: Einrede der Verjährung

Mit Schreiben vom ... verlangen Sie von mir, dass ich für ... [Bezeichnung der in Auftrag gegebenen Arbeiten] noch die Vergütung in Höhe von ... Euro zu zahlen habe. Ihre Forderung ist aber bereits verjährt. Aus diesem Grund erhebe ich nach § 214 Abs. 1 BGB die Einrede der Verjährung.

03 RICHTIG REKLAMIEREN GEGENÜBER DEM VERMIETER

Recht haben und Recht bekommen ist auch bei Problemen zwischen Mietern und Vermietern zweierlei. Für Miete und Nebenkosten geht heutzutage oft ein Drittel und mehr des Monatseinkommens drauf. Das Mietverhältnis entwickelt sich für den Mieter immer mehr zu einer kostspieligen Angelegenheit. Umso wichtiger ist es, dass der Mieter seine Rechte kennt und effektiv durchsetzt. Das gesetzliche Mietrecht räumt ihm umfangreiche Ansprüche ein. Diese gilt es für den Mieter wahrzunehmen und form- und fristgerecht gegenüber dem Vermieter geltend zu machen.

RECHTE DES MIETERS BEIM EINZUG UND BEI DER ÜBERGABE DER WOHNUNG

WENN DER VERMIETER DIE WOHNUNG NICHT RECHTZEITIG ÜBERGIBT

Nach Abschluss des Mietvertrags ist der Vermieter verpflichtet, dem Mieter die Wohnung zu überlassen. Das bedeutet, dass er die Wohnung geräumt übergeben und dem Mieter die Wohnungsschlüssel aushändigen muss. Erst dann hat er seiner gesetzlichen Verpflichtung entsprochen, dem Mieter den Gebrauch der Wohnung zu gewähren (§ 535 Abs. 1 BGB).

Die Übergabe der Wohnung hat am Mietobjekt zu erfolgen. Der Mieter ist also nicht verpflichtet, sich die Schlüssel beim Vermieter abzuholen. Wenn der Vermieter die Wohnung nicht zum vereinbarten Zeitpunkt übergibt, muss ihn der Mieter zur Übergabe innerhalb einer bestimmten Frist auffordern. Ansprüche wegen Nichtgewährung des Gebrauchs kann der Mieter nur geltend machen, wenn die gesetzte Frist erfolglos abgelaufen ist.

Tipp

Weitere Informationen bieten die Ratgeber „Was ich als Mieter wissen muss" und „Wenn das Mietverhältnis endet" der Verbraucherzentralen (www.vz-ratgeber.de).

Checkliste: So reklamieren Sie eine verzögerte Wohnungsübergabe richtig

- Fordern Sie den Vermieter schriftlich zur Wohnungsübergabe auf.
- Setzen Sie eine Frist für die Übergabe.
- Behalten Sie sich vor, nach erfolglosem Fristablauf weitere Rechte geltend zu machen.

Musterbrief: Aufforderung zur Übergabe der Mietsache

Gemäß Mietvertrag vom ... habe ich die Wohnung ... [genaue Bezeichnung des Mietobjekts] in Ihrem Hause ... gemietet. Bis heute haben Sie die Wohnung noch nicht an mich übergeben.

Zur Überlassung der Mietsache setze ich Ihnen hiermit eine Frist bis zum ...

Für den Fall, dass Sie mir innerhalb dieser Frist die Wohnung nicht übergeben sollten, behalte ich mir vor, das Mietverhältnis fristlos zu kündigen. Ferner werde ich den Schaden geltend machen, der mir wegen der nicht rechtzeitig erfolgten Gebrauchsüberlassung entsteht.

Fristlose Kündigung

Wenn die Frist zur Übergabe der Mietsache erfolglos abgelaufen ist, kann der Mieter den Mietvertrag fristlos kündigen. Er kann Ersatz des Schadens verlangen, der ihm entstanden ist, weil der Vermieter seine Pflichten aus dem Mietvertrag nicht ordnungsgemäß erfüllt hat.

Checkliste: So kündigen Sie richtig

- Kündigen Sie schriftlich. Mündliche Kündigungen oder solche per Fax oder E-Mail sind unwirksam.
- Schicken Sie die Kündigung aus Beweisgründen per Einschreiben mit Rückschein.
- Lassen Sie die Kündigung von allen Mietern unterschreiben. Adressieren Sie sie an alle Vermieter.
- Weisen Sie den Vermieter darauf hin, dass er die Wohnung mit den dazugehörigen Schlüsseln auch nach der von Ihnen gesetzten Frist noch nicht übergeben hat.
- Begründen Sie, warum Ihnen die Einhaltung der ordentlichen Kündigungsfrist unzumutbar ist.
- Kündigen Sie vorsorglich auch unter Einhaltung der Kündigungsfrist.

Musterbrief: Fristlose Kündigung wegen Nichtgewährung des Gebrauchs

Gemäß Mietvertrag vom ... habe ich die Wohnung ... [genaue Bezeichnung des Mietobjekts] in Ihrem Hause ... gemietet. Sie sind auch nicht meiner Aufforderung vom ... nachgekommen, die Wohnung innerhalb einer Frist bis zum ... geräumt und mit allen zugehörigen Schlüsseln zu übergeben.

Es ist für mich nicht zumutbar, die ordentliche Kündigungsfrist abzuwarten, weil ich aus meiner längst gekündigten derzeitigen Wohnung bereits am ... hätte ausziehen müssen und mir der dortige Vermieter bereits mit Schadenersatzforderungen und Räumungsklage droht.

Daher kündige ich das oben bezeichnete Mietverhältnis fristlos, vorsorglich zugleich hilfsweise auch ordentlich zum nächstmöglichen Zeitpunkt. Ferner behalte ich mir vor, Schadenersatzansprüche wegen Nichtgewährung des Gebrauchs der Mietsache geltend zu machen.

03

EXKURS: WENN DER WOHNUNGSMAKLER EINE UNBERECHTIGTE ODER ÜBERHÖHTE PROVISION VERLANGT

Geld nur bei Vermittlung

Wenn bei der Wohnungsvermittlung ein Makler eingeschaltet ist, findet zum Schutz des Kunden das Wohnungsvermittlungsgesetz (WoVermRG) Anwendung. Danach hat der Makler nur dann Anspruch auf Entgelt für die Vermittlung oder für den Nachweis der Gelegenheit zum Abschluss von Mietverträgen, wenn durch seine Tätigkeit tatsächlich ein Mietvertrag zustande kommt. Wer also Geld annimmt, bevor er einen Mietvertrag vermittelt hat, handelt rechtswidrig.

Wenn der Mieter mit dem Makler keinen Vertrag geschlossen, sondern dieser nur vom Vermieter einen Vermittlungsauftrag erhalten hat, dann ist der Mieter nicht provisionspflichtig. Nur wenn der Makler gegenüber dem Mieter klar und eindeutig zum Ausdruck bringt, dass er die Provision von ihm und nicht vom Vermieter verlangt, wenn er die Wohnung anbietet, muss der Mieter zahlen. In keinem Fall muss der Mieter nach § 2

Abs. 2 WoVermRG eine Maklergebühr zahlen, wenn die vermittelte oder nachgewiesene Wohnung eine Sozialwohnung ist, wenn durch den Mietvertrag ein Mietverhältnis über dieselben Wohnräume fortgesetzt, verlängert oder erneuert wird, oder wenn der Mietvertrag über Wohnräume abgeschlossen wird, deren Eigentümer, Verwalter, Mieter oder Vermieter der Wohnungsvermittler selbst ist.

Checkliste: So verlangen Sie die Rückzahlung der unzulässigen Provision

- Machen Sie Ihren Anspruch gegenüber dem Makler geltend, der Ihnen die nicht zulässige Provision in Rechnung stellt.
- Bringen Sie zum Ausdruck, dass die Maklerprovision nicht zulässig ist.
- Fordern Sie die gezahlte Provision zurück. Setzen Sie eine Zahlungsfrist.
- Der Rückforderungsanspruch verjährt in drei Jahren. Die Verjährungsfrist beginnt mit dem Schluss des Kalenderjahres zu laufen, in dem man von den Umständen Kenntnis erlangt hat, die den Anspruch begründen.

Musterbrief: Rückforderung einer unzulässigen Maklerprovision

Am ... haben wir einen Maklervertrag über die Vermittlung der Wohnung ... abgeschlossen. Gemäß Vertrag habe ich Ihnen nach erfolgreicher Vermittlung zwei Monatsmieten plus Mehrwertsteuer, insgesamt ... Euro überwiesen. Nunmehr habe ich erfahren, dass Makler nach § 2 Abs. 2 Nr. 2 Wohnraumvermittlungsgesetz keine Provision verlangen dürfen, wenn sie Verwalter der betroffenen Wohnung sind. Genau dies ist aber hier der Fall: ...[konkrete Darlegung der Sachlage]. Sie waren damit nicht berechtigt, eine Provision von mir zu verlangen.

Ich fordere Sie auf, den gezahlten Betrag von ... Euro bis spätestens ... auf mein Konto ... zu überweisen.

Sofern der Betrag bis zum genannten Termin nicht auf meinem Konto eingegangen ist, werde ich gerichtliche Schritte gegen Sie einleiten.

Makler dürfen grundsätzlich nur zwei Monatsmieten Provision (zuzüglich Mehrwertsteuer) verlangen. Betriebskosten, über die gesondert abgerechnet wird, bleiben bei der Berechnung der Monatsmiete unberücksichtigt. Es ist dem Makler untersagt, Vorschüsse zu vereinbaren oder Vergütungen anderer Art (z. B. Auslagenerstattungen, Schreibgebühren) zu verlangen (§ 3 WoVermRG).

Checkliste: So verlangen Sie die Rückzahlung einer überhöhten Provision

- Machen Sie Ihren Anspruch gegenüber dem Makler geltend, der Ihnen die überhöhte Provision in Rechnung stellt.
- Bringen Sie zum Ausdruck, dass die Maklerprovision in dieser Höhe nicht zulässig ist.
- Fordern Sie die zu viel gezahlte Provision zurück. Setzen Sie eine Zahlungsfrist.
- Der Rückforderungsanspruch verjährt in drei Jahren. Die Verjährungsfrist beginnt mit dem Schluss des Kalenderjahres zu laufen, in dem man von den Umständen Kenntnis erlangt hat, die den Anspruch begründen.

Musterbrief: Rückforderung einer überhöhten Maklerprovision

Am ... haben wir einen Maklervertrag über die Vermittlung der Wohnung ... abgeschlossen. Gemäß Vertrag habe ich Ihnen nach erfolgreicher Vermittlung drei Monatsmieten plus Mehrwertsteuer, insgesamt ... Euro überwiesen. Nunmehr habe ich erfahren, dass Sie maximal zwei Monatsmieten plus Mehrwertsteuer als Provision verlangen dürfen. Das sind ... Euro.

Ich fordere Sie auf, den zu viel gezahlten Betrag von ... Euro bis spätestens ... auf mein Konto ... zu überweisen.

Sofern der Betrag bis zum genannten Termin nicht auf meinem Konto eingegangen ist, werde ich gerichtliche Schritte gegen Sie einleiten.

RECHTE DES MIETERS IN BEZUG AUF DIE MIETE

WENN DER VERMIETER EINE ZU HOHE MIETKAUTION VERLANGT

In der Regel will sich der Vermieter für den Fall absichern, dass der Mieter seine vertraglichen Verpflichtungen nicht erfüllt. Deshalb verlangt er vom Mieter die Zahlung einer Kaution.

Höchstgrenze

Der Vermieter darf eine Kaution in Höhe von höchstens drei Monatsmieten verlangen (§ 551 Abs. 1 BGB). Unter der Monatsmiete ist die Nettokaltmiete zu verstehen. Die als Pauschale oder als Vorauszahlung ausgewiesenen Betriebskosten zählen also nicht mit. Der Betrag von drei Monatskaltmieten darf nicht überschritten werden. Andernfalls bleibt die Vereinbarung nur in Höhe von drei Monatsmieten wirksam; den überzahlten Betrag kann der Mieter zurückfordern.

Checkliste: So reklamieren Sie zu hohe Mietkautionen richtig

- Machen Sie Ihren Anspruch auf Rückzahlung der überhöhten Mietkaution schriftlich geltend.
- Setzen Sie dem Vermieter eine Frist, innerhalb derer die Rückzahlung zu erfolgen hat.
- Drohen Sie damit, den überhöhten Betrag mit der künftigen Miete aufzurechnen, wenn die Rückzahlung nicht fristgemäß erfolgt.
- Der Rückforderungsanspruch verjährt in drei Jahren. Die Verjährungsfrist beginnt mit dem Schluss des Kalenderjahres zu laufen, in dem man von den Umständen Kenntnis erlangt hat, die den Anspruch begründen.

Musterbrief: Rückzahlung der überhöhten Mietkaution

Nach dem Mietvertrag vom ... haben wir vereinbart, dass ich eine Mietkaution in Höhe von ... Euro leiste. Nunmehr habe ich erfahren, dass die Kaution nicht mehr als drei Grundmieten (ohne Betriebskosten) betragen darf. Meine monatliche Nettomiete beträgt ... Euro, die Kaution darf sich mithin auf höchstens ... Euro belaufen. Demnach habe ich ... Euro zu viel an Sie gezahlt. Ich fordere Sie auf, mir diesen Betrag bis spätestens zum ... auf mein Konto ... zu überweisen. Andernfalls werde ich den Betrag mit der Miete für den übernächsten Monat aufrechnen.

WENN DER VERMIETER EINE ZU HOHE MIETE VERLANGT

Ortsübliche Vergleichsmiete

Nach dem Wirtschaftsstrafgesetz ist es untersagt, bei der Vermietung von Wohnräumen unangemessen hohe Entgelte zu fordern, sich versprechen zu lassen oder anzunehmen. Unangemessen hoch ist die Miete, wenn sie mehr als 20 Prozent über der ortsüblichen Vergleichsmiete liegt und die Vereinbarung darauf beruht, dass ein geringes Angebot an vergleichbaren Wohnungen ausgenutzt wird. Wenn eine Mietpreisüberhöhung vorliegt, kann der Mieter den Betrag zurückfordern, der um mehr als 20 Prozent über der ortsüblichen Vergleichsmiete liegt. Der geschlossene Mietvertrag bleibt trotz Mietpreisüberhöhung bestehen; er kann weder vom Vermieter noch vom Mieter gekündigt werden.

Checkliste: So reklamieren Sie überzogene Mieterhöhungen richtig

- Machen Sie Ihren Anspruch auf Rückforderung der überhöhten Miete schriftlich geltend.
- Begründen Sie, warum die vereinbarte Miete die ortsübliche Vergleichsmiete um mehr als 20 Prozent übersteigt.
- Verlangen Sie die zu viel gezahlte Miete zurück. Setzen Sie dem Vermieter eine Zahlungsfrist.

- Kündigen Sie dem Vermieter an, dass Sie künftig die fällige Miete um den nichtigen Teil der vereinbarten Miete kürzen werden.
- Der Rückforderungsanspruch verjährt in drei Jahren. Die Verjährungsfrist beginnt mit dem Schluss des Kalenderjahres zu laufen, in dem man von den Umständen Kenntnis erlangt hat, die den Anspruch begründen.

Musterbrief: Rückforderung überhöhter Miete

Im Mietvertrag vom ... haben wir eine Nettokaltmiete von monatlich ... Euro vereinbart. Bei Abschluss des Mietvertrags bestand ein geringes Angebot an vergleichbarem Wohnraum. Nunmehr stelle ich fest, dass die vereinbarte Miete um mehr als 20 Prozent über der ortsüblichen Vergleichsmiete liegt. Dies ergibt sich aus dem Mietspiegel der Stadt ... [Begründung, warum die vereinbarte Miete die ortsübliche Vergleichsmiete um mehr als 20 Prozent übersteigt].

Nach §§ 5 Wirtschaftsstrafgesetz, 134 BGB ist die Vereinbarung nichtig, soweit die vereinbarte Miete die ortsübliche Miete um mehr als 20 Prozent überschreitet. Der unwirksame Teil der Miete berechnet sich wie folgt: ... [Differenz zwischen vereinbarter Miete und ortsüblicher Miete plus Zuschlag von 20 Prozent].

Hiermit verlange ich ab Vertragsbeginn die zu viel gezahlte Miete zurück und fordere Sie auf, mir den überzahlten Betrag von ... bis spätestens ... auf mein Konto zu überweisen.

Ab kommendem Monat werde ich die fällige Miete um den nichtigen Teil der vereinbarten Miete kürzen und mithin nur noch ... Euro monatlich zahlen.

WENN DIE MIETE VERJÄHRT IST

Verjährungsfrist

Der Anspruch des Vermieters auf die Miete verjährt innerhalb von drei Jahren (§ 195 BGB). Die Verjährungsfrist beginnt mit dem Schluss des Jahres, in dem der Anspruch entstanden ist (§ 199 Abs. 1 BGB). Nach Eintritt der Verjährung ist der Mieter berechtigt, die Zahlung zu verweigern (§ 214 Abs. 1 BGB).

Checkliste: So reklamieren Sie verjährte Mieten richtig

- Machen Sie den Vermieter schriftlich darauf aufmerksam, dass die Miete verjährt ist.
- Erklaren Sie ausdrücklich, dass Sie wegen der Verjährung die Zahlung der Miete verweigern und die Einrede der Verjährung erheben.

Musterbrief: Einrede der Verjährung

Mit Schreiben vom ... verlangen Sie von mir, dass ich die Miete vom ... noch zu zahlen habe. Ihre Forderung ist aber bereits verjährt. Aus diesem Grund erhebe ich nach § 214 Abs. 1 BGB die Einrede der Verjährung.

WENN DER VERMIETER AUF DIE ORTSÜBLICHE VERGLEICHSMIETE ERHÖHEN WILL

Der Vermieter kann vom Mieter die Zustimmung zur Mieterhöhung auf die ortsübliche Vergleichsmiete verlangen, wenn folgende Voraussetzungen erfüllt sind (§ 558 BGB):

- Die Mieterhöhung darf nicht durch eine Vereinbarung ausgeschlossen sein.
- Die bisherige Miete muss seit mindestens einem Jahr unverändert sein.
- Die vom Vermieter geforderte Miete darf die ortsübliche Vergleichsmiete nicht übersteigen.
- Die Miete darf sich innerhalb von drei Jahren nicht um mehr als 20 Prozent erhöhen.
- Der Vermieter muss die Mieterhöhung in Textform begründen.
- Der Mieter muss der Mieterhöhung zustimmen oder gerichtlich zur Zustimmung verurteilt werden.

Der Vermieter muss den Mieter auffordern, der Mieterhöhung zuzustimmen. Die Mieterhöhung tritt also nicht automatisch ein. Nur mit Zustimmung des Mieters bzw. seiner Verurteilung zur Zustimmung ist eine Mieterhöhung zur Anpassung an die ortsübliche Vergleichsmiete möglich. Eine einseitige, vom Vermieter ausgesprochene Mieterhöhung ist also nicht zulässig und unwirksam.

Zustimmungsoptionen

Fordert der Vermieter den Mieter auf, der Mieterhöhung zuzustimmen, verbleiben ihm dann folgende Möglichkeiten: Der Mieter kann

- der Mieterhöhung zustimmen, dann schuldet er dem Vermieter die neue Miete mit Beginn des dritten Kalendermonats nach dem Zugang des Mieterhöhungsverlangens (vgl. unten).
- der Mieterhöhung nicht zustimmen; in diesem Fall wird das Erhöhungsverlangen unwirksam, sofern der Vermieter nicht innerhalb von drei Monaten auf Zustimmung klagt (vgl. unten).
- der Mieterhöhung aber auch nur teilweise zustimmen, weil z. B. die ortsübliche Vergleichsmiete geringer ist oder die Kappungsgrenze den Erhöhungsbetrag begrenzt. Die Miete erhöht sich dann nur um diesen Teilbetrag, ohne dass der Vermieter dem zustimmen muss. Will der Vermieter eine höhere Miete, muss er hinsichtlich des Restbetrags fristgerecht klagen.

Wenn der Vermieter die Sperrfrist nicht einhält

Der Vermieter kann die Zustimmung des Mieters zur Erhöhung auf die ortsübliche Vergleichsmiete nur verlangen, wenn die Miete seit mindestens einem Jahr besteht. Damit ist gewährleistet, dass zwischen zwei Mieterhöhungen bzw. zwischen Beginn des Mietverhältnisses und erster Mieterhöhung mindestens 15 Monate liegen. Hält der Vermieter die Sperrfrist nicht ein, ist die Mieterhöhung unwirksam.

Checkliste: So reklamieren Sie die Einhaltung der Sperrfrist richtig

- Machen Sie den Vermieter schriftlich darauf aufmerksam, dass sein Mieterhöhungsverlangen unwirksam ist.
- Machen Sie ihn darauf aufmerksam, dass die Sperrfrist für die Mieterhöhung nicht eingehalten wird.
- Erklären Sie ausdrücklich, dass Sie die Mieterhöhung ablehnen.

Musterbrief: Verweigerung der Zustimmung wegen Nichteinhaltung der Sperrfrist

Ihr Erhöhungsverlangen vom ... ist nicht wirksam. Ich lehne die Mieterhöhung ab, weil die Sperrfrist nach § 558 Abs. 1 Satz 2 BGB nicht eingehalten wird. Wir haben bereits vor fünf Monaten eine einvernehmliche Mieterhöhung vereinbart. Damit ist Ihr jetziges Erhöhungsverlangen unwirksam.

Wenn der Vermieter die Kappungsgrenze überschreitet

Dreijahreszeitraum

Die Miete darf innerhalb eines Zeitraums von drei Jahren nur um 20 Prozent steigen. Diese Grenze muss der Vermieter auch dann einhalten, wenn die ortsübliche Vergleichsmiete eine höhere Miete zulassen würde.

Checkliste: So reklamieren Sie die Überschreitung der Kappungsgrenze richtig

- Machen Sie den Vermieter schriftlich darauf aufmerksam, dass die in seinem Mieterhöhungsverlangen genannte neue Miete die gesetzliche Kappungsgrenze überschreitet.
- Weisen Sie den Vermieter darauf hin, dass die Mieterhöhung in diesem Umfang nicht gerechtfertigt ist.
- Weisen Sie die Mieterhöhung zurück. Oder stimmen Sie ihr nur zu, soweit sie die Kappungsgrenze nicht übersteigt.

Musterbrief: Teilzustimmung wegen Überschreitung der Kappungsgrenze

Ihrem Erhöhungsverlangen vom … stimmen wir nicht vollständig, sondern nur teilweise in Höhe eines Steigerungsbetrags von … Euro zu. Eine darüber hinausgehende Mieterhöhung ist nicht gerechtfertigt, da die vereinbarte Miete innerhalb eines Zeitraums von drei Jahren um nicht mehr als 20 Prozent ansteigen darf. Mit der geltend gemachten Erhöhung überschreiten Sie diese Begrenzung. Damit beträgt die Miete ab ... dann ... Euro monatlich.

Wenn der Vermieter die ortsübliche Vergleichsmiete falsch berechnet hat

Anhaltspunkte

Der Vermieter darf maximal eine Erhöhung auf die ortsübliche Vergleichsmiete verlangen. Das ist die Miete, die in der betreffenden Gemeinde für Wohnungen vergleichbarer Art, Größe, Ausstattung, Beschaffenheit und Lage in den vergangenen vier Jahren üblicherweise verlangt wurde (§ 558 Abs. 2 BGB). Maßgebend für die Feststellung der ortsüblichen Vergleichsmiete ist der Zeitpunkt, zu dem der Mieter das Mieterhöhungsverlangen erhält, nicht dagegen der Zeitpunkt, an dem die Mieterhöhung wirksam wird.

Der Vermieter muss begründen, warum er die verlangte Neumiete für ortsüblich hält. Das kann mit Hilfe des örtlichen Mietspiegels oder eines Sachverständigengutachtens, durch Benennung von drei Vergleichswohnungen oder durch Bezugnahme auf eine Mietdatenbank erfolgen.

Checkliste: So reklamieren Sie die Vergleichsmietenberechnung richtig

- Machen Sie den Vermieter schriftlich darauf aufmerksam, dass die in seinem Mieterhöhungsverlangen genannte neue Miete nicht der ortsüblichen Vergleichsmiete entspricht.

- Weisen Sie den Vermieter darauf hin, dass und warum die genannte Mieterhöhung in diesem Umfang nicht gerechtfertigt ist.
- Weisen Sie die Mieterhöhung zurück. Oder stimmen Sie ihr nur zu, soweit sie der ortsüblichen Vergleichsmiete entspricht.

Musterbrief: Teilzustimmung wegen falscher ortsüblicher Vergleichsmiete

Mit Schreiben vom ... verlangen Sie meine Zustimmung zu einer Erhöhung der Miete von ... Euro auf ... Euro. Dieser Mieterhöhung kann ich vorerst nicht vollständig, sondern nur in Höhe eines Steigerungsbetrags von ... Euro zustimmen. Die neue Miete beträgt damit ... Euro ab ...

Ihre Berechnung der ortsüblichen Vergleichsmiete ist fehlerhaft. Die von Ihnen zur Begründung der Mieterhöhung genannten drei Vergleichswohnungen entsprechen nicht meiner Wohnung. Sie haben die folgenden wertmindernden Merkmale unberücksichtigt gelassen: ... [Beschreibung der wertmindernden Merkmale].

Aus dem Mietspiegel für ... [Bezeichnung der Gemeinde] ergibt sich eine Vergleichsmiete von ... Euro/qm. Meine Zustimmung zur Mieterhöhung entspricht der danach vorgesehenen Vergleichsmiete.

Wenn der Mieter wegen der Mieterhöhung kündigen will

Wenn der Vermieter eine Mieterhöhung auf die ortsübliche Vergleichsmiete verlangt, steht dem Mieter gesetzlich ein Sonderkündigungsrecht zu (§ 561 BGB). Im Falle der Kündigung durch den Mieter wird die Mieterhöhung nicht wirksam. Der Mieter muss dann bis zur Beendigung des Mietverhältnisses nur die bisherige Miete entrichten.

Checkliste: So kündigen Sie bei einer Mieterhöhung richtig

- Kündigen Sie schriftlich (§ 568 Abs. 1 BGB). Mündliche Kündigungen oder solche per Fax oder E-Mail sind unwirksam.
- Schicken Sie die Kündigung aus Beweisgründen per Einschreiben mit Rückschein.

- Lassen Sie die Kündigung von allen Mietern unterschreiben. Adressieren Sie die Kündigung an alle Vermieter.
- Das Mietverhältnis können Sie bis zum Ende des zweiten Monats nach Zugang des Mieterhöhungsverlangens für das Ende des übernächsten Monats kündigen. Beispiel: Das Schreiben, mit dem Ihr Vermieter eine höhere Miete verlangt, geht Ihnen im Juli zu. In diesem Fall können Sie den Mietvertrag bis zum 30. September mit Wirkung zum 30. November kündigen.
- Kündigen Sie den Mietvertrag unter Berufung auf das außerordentliche Kündigungsrecht, das Ihnen wegen der Mieterhöhung auf die ortsübliche Vergleichsmiete zusteht.

Musterbrief: Kündigung wegen Mieterhöhung auf ortsübliche Vergleichsmiete

Auf Ihr Erhöhungsverlangen vom … kündigen wir das Mietverhältnis über … [Bezeichnung der Mietsache] unter Berufung auf das uns nach § 561 BGB zustehende außerordentliche Kündigungsrecht zum …

RECHTE DES MIETERS BEI DER BETRIEBSKOSTENABRECHNUNG

Tipp

Weitere Informationen bietet der Ratgeber „Mietnebenkosten“ der Verbraucherzentralen (www.vz-ratgeber.de).

Der Vermieter darf dem Mieter die Betriebskosten nur dann in Rechnung stellen, wenn dies im Mietvertrag vereinbart wurde. Eine entsprechende Regelung ist aber nur wirksam, wenn genau und eindeutig festgelegt ist, welche Betriebskosten vom Mieter zu tragen sind. Andernfalls kann der Vermieter die Betriebskosten nicht auf die Mieter umlegen, weil die Regelung unwirksam ist.

Bei Wohnraummietverträgen dürfen nur solche Betriebskosten auf die Mieter umgelegt werden, die in § 2 der Betriebskostenverordnung (BetrKVO) aufgelistet sind. Die Auflistung ist abschließend. Andere Betriebskosten als die dort aufgezählten dürfen nicht berechnet werden.

WENN DER MIETER MIT DER BETRIEBSKOSTENABRECHNUNG NICHT EINVERSTANDEN IST

Ein Anspruch des Vermieters auf Nachzahlung von Betriebskosten besteht nur dann, wenn er dem Mieter eine ordnungsgemäße Abrechnung vorlegt. Diese muss bestimmten rechtlichen Anforderungen genügen.

So muss eine Betriebskostenabrechnung festgelegte Mindestangaben enthalten. Nur wenn sich diese Angaben aus der Abrechnung ergeben, ist sie mietrechtlich formell wirksam. Und nur dann kann sie Grundlage für Nachzahlungsansprüche des Vermieters sein. Eine Abrechnung, die diesen Angaben nicht genügt, ist unbeachtlich mit der Folge, dass dem Mieter ein Anspruch auf Nachbesserung bzw. auf Erstellung einer neuen Abrechnung zusteht. Der Mieter muss nichts bezahlen. Der Vermieter muss erst eine komplett neue Abrechnung vorlegen.

Checkliste: So beanstanden Sie die Betriebskostenabrechnung richtig

- Beanstanden Sie die Ihnen vom Vermieter vorgelegte Betriebskostenabrechnung schriftlich.
- Begründen Sie, warum Sie die beanstandeten Abrechnungsposten für falsch halten.
- Teilen Sie dem Vermieter Ihre Einwendungen gegen die Abrechnung spätestens bis zum Ablauf des zwölften Monats nach Zugang der Abrechnung mit. Danach können Sie Einwendungen grundsätzlich nicht mehr geltend machen.
- Verlangen Sie vom Vermieter eine neue Abrechnung der Betriebskosten.

Musterbrief: Beanstandung der Betriebskostenabrechnung

Ihre Betriebskostenabrechnung vom ... habe ich am ... erhalten. Zur Abrechnung möchte ich wie folgt Stellung nehmen: ... [Aufzählung und Begründung der einzelnen Einwendungen, z.B.:]

1. Beim angesetzten Verteilerschlüssel haben Sie die leer stehenden Wohnungen herausgerechnet. Das ist nicht zulässig. Leer stehende Wohnungen können grundsätzlich nicht von der Betriebskostenumlage ausgenommen werden.

2. Bei den Betriebskosten sind Sie zu wirtschaftlicher Betriebsführung verpflichtet. Dem widerspricht, dass Sie bei dem Posten … … Euro berechnet haben. Marktüblich sind nach meinen Ermittlungen … Euro.

3. Unter der Position „Sonstige Betriebskosten" rechnen Sie Kosten für … ab. Im Mietvertrag ist allerdings nicht aufgeführt, welche sonstigen Betriebskosten umgelegt werden dürfen, sodass die Umlage dieser Position nicht zulässig ist.

4. …

Bitte erstellen Sie eine neue und korrekte Abrechnung. Sobald mir diese vorliegt, werde ich eine etwaige Nachzahlung unverzüglich leisten.

WENN DER MIETER ABRECHNUNGSBELEGE EINSEHEN WILL

Der Mieter hat das Recht, alle Unterlagen einzusehen und zu prüfen, die der Vermieter seiner Abrechnung zugrunde gelegt hat. Er kann also z. B. Versicherungspolicen oder die Wasserrechnung ebenso einsehen wie einen Grundsteuerbescheid, den Bescheid über Müllgebühren oder den Wartungsvertrag für den Aufzug. Verweigert der Vermieter die Belegeinsicht, ist die Nachzahlung nicht fällig.

Checkliste: So reklamieren Sie die Einsicht in Belege richtig

- Verlangen Sie vom Vermieter schriftlich, dass Sie die Abrechnungsbelege für die Betriebskostenabrechnung einsehen dürfen.
- Unterbreiten Sie Ihrem Vermieter Terminvorschläge.
- Bieten Sie dem Vermieter an, die Belege in dessen Wohnung oder Büro einzusehen.

Musterbrief: Belegeinsicht

Ihre Betriebskostenabrechnung vom ... habe ich am ... erhalten. Bevor ich die ausgewiesene Nachzahlung leisten werde, möchte ich gerne die entsprechenden Originalbelege prüfen. Ich möchte Sie deshalb bitten, mir die im Schreiben vom ... bezeichneten Originalunterlagen am ... oder am ... in Ihrem Büro in der ...-straße bereitzulegen und mir einen der beiden Termine bis zum ... schriftlich zu bestätigen. Sollte ich nichts von Ihnen hören, werde ich mein Einsichtsrecht zum erstgenannten Termin wahrnehmen.

Grundsätzlich kann der Mieter nicht verlangen, dass ihm der Vermieter Fotokopien der Abrechnungsbelege zusendet. Er muss sich zur Einsichtnahme jedoch nicht in die Räume des Vermieters begeben, wenn ihm das nicht zuzumuten ist. Das ist etwa der Fall, wenn der Mieter krank oder gehbehindert ist oder die Mietwohnung vom Sitz des Vermieters oder der Hausverwaltung weit entfernt ist.

Checkliste: So reklamieren Sie die Zusendung von Belegen richtig

- Erklären Sie, warum Ihnen die Einsichtnahme in den Räumen des Vermieters nicht zumutbar ist.
- Verlangen Sie vom Vermieter die Übersendung von Belegkopien.
- Bieten Sie dem Vermieter an, die übliche Kopierkostenpauschale zu übernehmen.

Musterbrief: Zusendung von Belegkopien

Ihre Betriebskostenabrechnung vom ... habe ich am ... erhalten. Bevor ich die ausgewiesene Nachzahlung leisten werde, möchte ich gerne die entsprechenden Originalbelege prüfen. Aufgrund meiner Krankheit sehe ich mich allerdings außerstande, die Belege in Ihrem Büro einzusehen. Die Belegeinsicht ist für mich momentan unzumutbar. Zur Überprüfung der inhaltlichen Richtigkeit der Abrechnung bitte ich um Übersendung von Kopien der Belege zu folgenden Kostenpositionen:

.....

.....

Die übliche Kopierkostenpauschale in Höhe von 0,25 Euro pro Kopie werde ich Ihnen erstatten.

WENN DER VERMIETER DIE BETRIEBSKOSTEN ZU SPÄT ABRECHNET

Spätestens zwölf Monate nach Ablauf des Abrechnungszeitraums muss der Mieter die Abrechnung des Vermieters in Händen halten. Die Abrechnung für das Kalenderjahr 2013 muss also bis Ende 2014 beim Mieter eingetroffen sein. Bei verspäteter Vorlage kann der Vermieter keine Nachzahlungen mehr verlangen, es sei denn, er hat die verspätete Geltendmachung nicht verschuldet (§ 556 Abs. 3 BGB).

Checkliste: So reklamieren Sie eine verspätete Betriebskostenabrechnung richtig

- Weisen Sie den Vermieter darauf hin, dass er die gesetzlich festgelegte Abrechnungsfrist versäumt hat und er deshalb keine Nachforderungen mehr geltend machen kann.
- Verweigern Sie die verlangte Nachzahlung.

Musterbrief: Verweigerung der Nachzahlung wegen verspäteter Abrechnung

Ihre Betriebskostenabrechnung vom ... habe ich am ... erhalten. Sie sind gesetzlich verpflichtet, über die Betriebskosten innerhalb von zwölf Monaten nach Ende des Abrechnungszeitraums abzurechnen. Wird diese Frist überschritten, können Sie Nachforderungen nur geltend machen, wenn Sie die Versäumung der Frist nicht zu vertreten haben.

Die gesetzliche Abrechnungsfrist haben Sie nicht eingehalten. In Ihrem Begleitschreiben zur Abrechnung haben Sie auch keine Umstände angegeben, weshalb Sie die Verspätung nicht zu vertreten haben. Die von Ihnen geltend gemachte Nachzahlung ist damit gegenstandslos. Ich werde deshalb keine Nachzahlungen leisten.

RECHTE DES MIETERS BEI MODERNISIERUNGSMASSNAHMEN DES VERMIETERS

Wenn der Vermieter die Wohnung modernisieren will, hat das für den Mieter unter Umständen weitreichende Folgen: Einmal wird er während der Modernisierungsarbeiten in der Nutzung seiner Wohnung beeinträchtigt, zum anderen wird der Vermieter im Anschluss die Miete erhöhen wollen.

Modernisierungsmaßnahmen hat der Mieter zu dulden (§ 556d Abs. 1 BGB). Zur Duldung ist der Mieter aber nicht verpflichtet, wenn Härtegründe vorliegen, die diese Maßnahmen unzumutbar machen, obwohl Interessen des Vermieters und anderer Mieter im Gebäude berücksichtigt werden (§ 555d Abs. 2 BGB).

Informationspflicht

Der Vermieter muss dem Mieter in Textform die Art und den geplanten Umfang der Modernisierungen, voraussichtlichen Beginn und Dauer der Maßnahme, den Betrag der eventuell zu erwartenden Mieterhöhung und die voraussichtlichen künftigen Betriebskosten mitteilen (§ 555c Abs. 1 BGB).

WENN DER MIETER MODERNISIERUNGSMASSNAHMEN ABLEHNEN WILL

Liegen sogenannte Härtegründe vor, ist der Mieter ausnahmsweise nicht verpflichtet, Modernisierungen zu dulden. Das ist der Fall, wenn die Maßnahme für ihn, seine Familie oder einen

Härtegründe

anderen Angehörigen seines Haushalts eine Härte bedeuten würde, die auch unter Würdigung der berechtigten Interessen sowohl des Vermieters als auch anderer Mieter im Haus sowie von Belangen der Energieeffizienz und des Klimaschutzes nicht zu rechtfertigen ist (§ 555d Abs. 2 Satz 1 BGB). Härtegründe können die Auswirkungen der durchzuführenden Bauarbeiten selbst, die baulichen Folgen, die vorausgegangenen Aufwendungen des Mieters und die zu erwartende Mieterhöhung sein.

Bei umfassenden Sanierungsarbeiten kommen als Härtegründe das hohe Alter, eine Krankheit oder die Invalidität des Mieters in Betracht, wenn die Arbeiten den Gesundheitszustand verschlechtern können. Auch die anstehende Geburt eines Kindes oder wichtige Prüfungen, die unmittelbar bevorstehen, können einer Modernisierung zeitweise entgegenstehen.

In der Regel wird der Vermieter die Modernisierungskosten auf die Miete umlegen. Dem Mieter ist eine Modernisierung also nur zuzumuten, wenn ihm auch die neue Miete noch zumutbar ist.

Zumutbarkeit einer Mieterhöhung

Der Mieter kann die Modernisierung zurückweisen, wenn er die vom Vermieter geplante Maßnahme aus oben genannten gesetzlichen Voraussetzungen nicht dulden muss. In diesem Fall muss dann der Vermieter auf Duldung klagen. Er darf also nicht einfach mit den Arbeiten beginnen oder das Mietverhältnis fristlos kündigen. Das gilt allerdings nicht beim Einwand, dass der Mieter die Modernisierungsmieterhöhung angesichts seiner Einkommensverhältnisse nicht tragen kann. Dieser Einwand kann nicht die Modernisierung selbst, sondern nur die anschließende Mieterhöhung verhindern.

Checkliste: So widersprechen Sie der Modernisierungsmaßnahme richtig

- Widersprechen Sie schriftlich den vom Vermieter geplanten Modernisierungsmaßnahmen.
- Begründen Sie, warum Sie die Maßnahmen nicht dulden müssen.
- Legen Sie eine ärztliche Bescheinigung bei, wenn Sie sich auf eine gesundheitliche Beeinträchtigung berufen.
- Erheben Sie Ihre Einwände spätestens bis zum Ablauf des Monats, der auf den Zugang des Ankündigungsschreibens folgt (Beispiel: Modernisierungsankündigung am 14. September, Mitteilung an den Vermieter bis zum 31. Oktober).

Musterbrief: Ablehnung der Modernisierungsarbeiten

Mit Schreiben vom ... haben Sie mir verschiedene Arbeiten in meiner Wohnung ... angekündigt. Unter anderem planen Sie ... [Bezeichnung der Modernisierungsarbeiten]. Ferner wollen Sie die monatliche Miete von ... Euro auf ... Euro erhöhen. Ich bin sowohl mit den baulichen Veränderungen als auch mit der Mieterhöhung nicht einverstanden und widerspreche ihnen.

1. Ich bin schwer herzkrank und muss mich in zwei Monaten einer Herzoperation unterziehen. Der Termin steht bereits seit längerem fest. Die vorgesehenen Umbauarbeiten, die insgesamt ... Wochen in Anspruch nehmen sollen, sind für mich unzumutbar, weil ich vor der Operation dringend Ruhe benötige. Die vorgesehenen Arbeiten sind mit erheblichen Lärmbelästigungen verbunden. Es ist deshalb eine Verschlechterung meines Gesundheitszustandes zu befürchten. Die beiliegende ärztliche Bescheinigung bestätigt, dass aus medizinischer Sicht dringend von den vorgesehenen Umbauarbeiten abgeraten wird.

2. Im Übrigen bin ich nicht imstande, die zu erwartende Erhöhung der Miete um monatlich ... Euro aufzubringen. Ich verfüge über ein Nettoeinkommen von ... Euro. Die Miete würde also 50 Prozent meines Nettoeinkommens aufzehren. Ohne meinen Lebensunterhalt ernsthaft zu gefährden, kann ich die neue Miete nicht zahlen.

WENN DER MIETER VOM VERMIETER ERSATZ SEINER AUFWENDUNGEN VERLANGT

Aufwendungen, die der Mieter wegen einer Modernisierungsmaßnahme machen musste, hat ihm der Vermieter zu ersetzen (§ 555a Abs. 3 BGB). Er kann vom Vermieter auch einen Vorschuss verlangen; der Anspruch besteht dann in Höhe der mutmaßlich anfallenden Kosten.

Zu den Aufwendungen, die der Vermieter ersetzen muss, gehören unter anderem Renovierungskosten, es sei denn, dass eine Renovierung ohnehin fällig gewesen wäre, Reinigungskosten, Kosten einer Hotelunterkunft, Kosten der Einlagerung von Möbeln und Hausrat, der Ersatz des eigenen Zeitaufwands (z. B. Wohnungsbesichtigung).

Checkliste: So reklamieren Sie Aufwendungsersatz richtig

- Machen Sie Ihren Anspruch auf Aufwendungsersatz schriftlich geltend.
- Belegen Sie die Ihnen entstandenen Aufwendungen durch entsprechende Quittungen oder Rechnungen.
- Setzen Sie dem Vermieter für die Zahlung des Aufwendungsersatzes eine Frist.

Musterbrief: So machen Sie Aufwendungsersatz richtig geltend

Nach Abschluss der von Ihnen veranlassten Modernisierungsarbeiten war eine gründliche Reinigung der Wohnung erforderlich. Nach § 555a Abs. 3 BGB bitte ich um Ersatz der mir in diesem Zusammenhang entstandenen Aufwendungen in Höhe von ... Euro. Eine Kostenaufstellung mit Rechnungskopien liegt diesem Schreiben bei.

Bitte überweisen Sie mir den fälligen Betrag bis spätestens ... auf mein Konto ...

WENN DER MIETER WEGEN DER MODERNISIERUNGSMASSNAHME KÜNDIGEN WILL

Wenn der Vermieter eine Modernisierungsmaßnahme ankündigt, kann es sein, dass der Mieter vorher lieber umziehen will, weil ihm die Modernisierung nichts bringt oder er die danach geforderte neue Miete nicht mehr bezahlen kann. Für diesen Fall räumt § 555e BGB dem Mieter ein Sonderkündigungsrecht ein. Kein Kündigungsrecht steht dem Mieter ausnahmsweise bei Maßnahmen zu, die mit keiner oder nur mit einer unerheblichen Einwirkung auf die vermieteten Räume verbunden sind und zu keiner oder nur zu einer unerheblichen Erhöhung der Miete führen.

03

Checkliste: So kündigen Sie richtig

- Kündigen Sie schriftlich (§ 568 Abs. 1 BGB). Mündliche Kündigungen oder solche per Fax oder E-Mail sind unwirksam. Schicken Sie die Kündigung aus Beweisgründen per Einschreiben mit Rückschein.
- Lassen Sie die Kündigung von allen Mietern unterschreiben. Adressieren Sie sie an alle Vermieter.
- Begründen Sie Ihre außerordentliche Kündigung mit der vom Vermieter angekündigten Modernisierungsmaßnahme.
- Das Mietverhältnis kann außerordentlich bis zum Ablauf des übernächsten Monats gekündigt werden.
- Die Kündigung muss bis zum Ablauf des Monats erfolgen, der auf den Zugang der Modernisierungsankündigung erfolgt (Beispiel: Modernisierungsankündigung am 12. April, Kündigung bis zum 31. Mai).

Musterbrief: Kündigung wegen Modernisierungsmieterhöhung

Hiermit kündige ich den Mietvertrag vom ... zum nächst zulässigen Zeitpunkt. Das ist ...

Mit Schreiben vom ... haben Sie mir bauliche Veränderungen der Wohnung angekündigt und eine Erhöhung der Miete um ... Euro auf ... Euro verlangt. Nach 555e BGB steht mir in diesem Fall ein außerordentliches Kündigungsrecht zum Ablauf des übernächsten Monats zu.

RECHTE DES MIETERS BEI WOHNUNGSMÄNGELN

Millionen Mietwohnungen haben nach Einschätzung des Deutschen Mieterbundes mehr oder weniger schwerwiegende Mängel. Viele Mieter unternehmen aber nichts, zahlen also trotz Schäden, Mängeln und Beeinträchtigungen weiter die volle Miete, weil sie ihre Rechte nicht kennen – und verschenken so sehr viel Geld. Die häufigsten Wohnungsmängel sind Feuchtigkeitsschäden in der Wohnung, Lärm im Haus oder in der Nachbarschaft, Ausfall oder defekte Einrichtungen (z. B. Heizung, Aufzug), Schäden am Haus oder in der Wohnung.

Tipp

Weitere Informationen bietet der Ratgeber „Mietminderung bei Wohnungsmängeln" der Verbraucherzentralen (www.vz-ratgeber.de).

WENN EIN WOHNUNGSMANGEL AUFTRITT

Der Mieter ist verpflichtet, dem Vermieter einen Mangel, der während des Mietverhältnisses aufgetreten ist, sofort anzuzeigen. Schließlich ist der Vermieter nur dann imstande, für Abhilfe zu sorgen. Zeigt der Mieter Schäden an der Mietsache nicht an, verliert er seine Gewährleistungsrechte und kann die Miete nicht mindern. Und außerdem läuft er Gefahr, sich schadenersatzpflichtig zu machen.

Checkliste: So zeigen Sie Wohnungsmängel richtig an

- Zeigen Sie einen Mangel an der Mietsache aus Beweisgründen schriftlich an.
- Melden Sie den Mangel sofort, wenn Sie den Fehler entdeckt haben. Andernfalls verlieren Sie Ihre Rechte.
- Verlangen Sie, dass der Vermieter den Mangel beseitigt. Setzen Sie ihm hierfür eine angemessene Frist.
- Weisen Sie den Vermieter darauf hin, dass Sie die Miete bis zur endgültigen Beseitigung des Mangels nur unter Vorbehalt zahlen.

Musterbrief: Mängelanzeige

In meiner Wohnung ist folgender Mangel aufgetreten: ... [konkrete Beschreibung des Mangels]. Dadurch wird die Tauglichkeit der Mietsache nicht unerheblich gemindert.

Nach § 535 BGB sind Sie zur Instandhaltung der Wohnung verpflichtet. Ich bitte Sie, den Mangel bis spätestens ... zu beseitigen.

Bis zur endgültigen Beseitigung des Mangels werde ich die Miete unter Vorbehalt zahlen

Nur ausnahmsweise kann der Mieter die Miete mindern, obwohl er dem Vermieter den Mangel nicht angezeigt hat. Das ist unter anderem der Fall, wenn der Vermieter den Mangel bereits kennt oder kennen muss (z. B. wenn der Fahrstuhl nicht funktioniert) oder der Vermieter den Mangel nicht beseitigen kann (z. B. die Lärmbeeinträchtigung durch eine Baustelle in der Nachbarschaft).

WENN DER MIETER DIE MIETE MINDERN WILL

Treten an den Mieträumen Mängel auf oder wurden die Mieträume schon mangelhaft übergeben, so muss der Vermieter die Mängel auf eigene Kosten beheben (§ 535 Abs. 1 Satz 2 BGB). Bis zur Beseitigung der Mängel kann der Mieter die Miete mindern (§ 536 BGB).

Beeinträchtigung entscheidend

Die Höhe der Mietminderung richtet sich danach, wie stark der vertragsgemäße Gebrauch der Mietwohnung durch den Mangel beeinträchtigt ist. Je stärker sich der Mangel auswirkt, desto mehr darf der Mieter die Miete kürzen. Maßgebend sind immer die besonderen Umstände des Einzelfalls. Deshalb müssen insbesondere der Vertragszweck, die Miethöhe sowie Art und Umfang der Beeinträchtigung berücksichtigt werden. Gemindert wird die Gesamtmiete, inklusive etwaiger Anteile für kalte Betriebskosten, Warmwasser und Heizkosten.

Checkliste: So machen Sie die Mietminderung richtig geltend

- Machen Sie die Minderung aus Beweisgründen schriftlich geltend.
- Verweisen Sie darauf, dass Sie den Mangel angezeigt und erfolglos um Abhilfe gebeten haben.
- Bringen Sie zum Ausdruck, dass Sie den Minderbetrag von der Miete abziehen werden.
- Machen Sie Ihren Minderungsanspruch innerhalb von drei Jahren geltend. Andernfalls ist Ihr Anspruch verjährt.

Vorsicht

Neben dem Minderungsrecht hat der Mieter auch Anspruch auf Schadenersatz, wenn ihm durch den Wohnungsmangel darüber hinaus ein Schaden entsteht. Wenn Sie Schadenersatzansprüche gegen den Vermieter geltend machen wollen, sollten Sie sich von einem fachkundigen Anwalt oder dem örtlichen Mieterverein beraten lassen.

Musterbrief: Mietminderung

Mit Schreiben vom ... habe ich Ihnen Mängel an meiner Mietwohnung angezeigt und Sie gebeten, diese bis spätestens zum ... zu beheben. Dieser Aufforderung sind Sie nicht nachgekommen.

Damit ist der Wohnwert erheblich gemindert. Deshalb werde ich bis zur Beseitigung des Mangels monatlich vorläufig ... Prozent der Miete (= ... Euro) einbehalten. Den Minderbetrag für die Zeit seit meiner Anzeige des Mangels (also für die Monate ... bis ... = ... Euro) werde ich von der übernächsten Miete abziehen.

WENN DER MIETER WEGEN DES MANGELS EINEN TEIL DER MIETE EINBEHALTEN WILL

Neben dem Anspruch des Mieters auf Beseitigung der Mängel steht ihm ein Zurückbehaltungsrecht an der Miete zu. Dabei können Mietminderung und Zurückbehaltungsrecht nebeneinander geltend gemacht werden. Der Mieter kann das Drei- bis Fünffache der Minderungsquote zurückbehalten.

Das Zurückbehaltungsrecht des Mieters ist ein reines Druckmittel. Wenn er sein Zurückbehaltungsrecht geltend macht, will er damit den Vermieter dazu bewegen, den Wohnungsmangel zu beseitigen. Dagegen wird bei der Minderung die Miete herabgesetzt, weil die Wohnung durch den Mangel weniger wert ist. Wenn der Wohnungsmangel beseitigt ist, muss der Mieter den zurückbehaltenen Teil der Miete wieder an den Vermieter zahlen, nicht aber die geminderte Miete.

Checkliste: So machen Sie Ihr Zurückbehaltungsrecht richtig geltend

- Machen Sie Ihr Zurückbehaltungsrecht aus Beweisgründen schriftlich geltend.
- Verweisen Sie darauf, dass Sie den Mangel angezeigt und erfolglos um Abhilfe gebeten haben.
- Kündigen Sie an, dass Sie wegen des Wohnungsmangels ab dem kommenden Monat Ihr Zurückbehaltungsrecht ausüben werden.
- Nennen Sie den Betrag, den Sie zurückhalten werden.

Musterbrief: Zurückbehaltungsrecht

Mit Schreiben vom ... habe ich Ihnen Mängel an meiner Mietwohnung angezeigt und Sie gebeten, diese bis spätestens zum ... zu beheben. Dieser Aufforderung sind Sie nicht nachgekommen.

Ich werde deshalb ab dem kommenden Monat mein Zurückbehaltungsrecht an der Miete ausüben. Bekanntlich besteht das Zurückbehaltungsrecht in Höhe des Drei- bis Fünffachen des zur Mängelbeseitigung erforderlichen Betrags. Nach dem von mir eingeholten Kostenvoranschlag zur Behebung des angezeigten Mangels sind mindestens ... Euro zur Mängelbeseitigung erforderlich. Ich werde daher die Miete der kommenden Monate bis zu einem Betrag von ... Euro zurückhalten.

WENN DER MIETER DEN MANGEL SELBST BESEITIGEN WILL

Der Mieter kann den Wohnungsmangel selbst beseitigen und Ersatz der erforderlichen Aufwendungen verlangen, wenn

- der Vermieter mit der Beseitigung des Mangels in Verzug ist oder

- die umgehende Beseitigung des Mangels zur Erhaltung oder Wiederherstellung des Bestands der Mietsache notwendig ist.

Fristsetzung

Voraussetzung für das Selbstbeseitigungsrecht des Mieters ist, dass er den Vermieter aufgefordert hat, den Mangel zu beseitigen und ihm dafür eine angemessene Frist gesetzt hat. Diese Frist muss so bemessen sein, dass der Vermieter innerhalb dieses Zeitraums realistischerweise Abhilfe schaffen konnte. Nur ausnahmsweise kann auf die Fristsetzung verzichtet werden, wenn z. B. ein Rohrbruch die Substanz des Hauses gefährdet oder zerstörte Gebäudeteile wiederhergestellt werden müssen.

Sind die Voraussetzungen für das Selbstbeseitigungsrecht gegeben, kann der Mieter den Mangel entweder selbst beseitigen oder einen Dritten damit beauftragen. Im ersten Fall schuldet der Mieter eine fachgerechte Ausführung der Arbeiten.

Kostenerstattung

Der Mieter kann vom Vermieter verlangen, dass er ihm die dabei entstandenen Aufwendungen erstattet. Der Anspruch umfasst die Kosten, die für Handwerker und Material aufgewendet werden müssen. Auch die Eigenleistungen des Mieters sind erstattungsfähig.

Checkliste: So machen Sie Kostenersatz richtig geltend

- Weisen Sie den Vermieter darauf hin, dass Sie ihm einen Mangel angezeigt, ihn zu dessen Beseitigung aufgefordert haben und die dazu gesetzte Frist erfolglos abgelaufen ist.
- Bringen Sie zum Ausdruck, dass Sie von Ihrem Selbstabhilferecht Gebrauch gemacht haben und Ihnen in diesem Zusammenhang Kosten entstanden sind.
- Belegen Sie die Ihnen entstandenen Kosten durch Rechnungen, Quittungen oder Ähnliches.

- Verlangen Sie vom Vermieter Ersatz Ihrer Aufwendungen. Setzen Sie ihm eine Zahlungsfrist.
- Verleihen Sie Ihrer Zahlungsaufforderung Nachdruck indem Sie androhen, den Ihnen zustehenden Aufwendungsersatz mit der nächsten Miete aufzurechnen, wenn der Vermieter seiner Zahlungsverpflichtung nicht nachkommt.

Musterbrief: Aufwendungsersatz bei Selbstabhilfe

Mit Schreiben vom ... habe ich Ihnen Mängel an meiner Mietwohnung angezeigt und Sie gebeten, diese bis spätestens zum ... zu beheben. Dieser Aufforderung sind Sie nicht nachgekommen.

Deshalb habe ich nach Ablauf der Frist von meinem Recht zur Selbstabhilfe Gebrauch gemacht und einen Handwerker mit der Ausführung der erforderlichen Arbeiten beauftragt. In diesem Zusammenhang sind mir Kosten in Höhe von ... Euro entstanden (siehe beiliegende Rechnung in Kopie). Ich bitte um Überweisung des Betrags auf mein Konto ... Hierzu setze ich Ihnen eine Frist bis zum ...

Sollte der Betrag nicht fristgemäß bei mir eingehen, werde ich ihn entweder gerichtlich geltend machen oder ihn mit der Miete für den nächsten Monat, also für Monat ..., aufrechnen.

WENN DER MIETER WEGEN DES MANGELS DEN MIETVERTRAG FRISTLOS KÜNDIGEN WILL

Gravierende Mängel

Der Mieter kann das Mietverhältnis außerordentlich kündigen, wenn ein wichtiger Grund vorliegt. Das ist der Fall, wenn gravierende Wohnungsmängel die Fortsetzung des Mietverhältnisses unmöglich machen. In Betracht kommen insbesondere zwei Kündigungsgründe:

- Der Mieter kann die Wohnung wegen des Mangels ganz oder teilweise nicht mehr nutzen (§ 543 Abs. 2 Nr. 1 BGB).
- Die Benutzung der mangelhaften Wohnung ist mit einer erheblichen Gesundheitsgefährdung verbunden (§ 569 Abs. 1 BGB).

Die fristlose Kündigung muss innerhalb einer angemessenen Frist erfolgen, nachdem der Mieter vom Mangel erfahren hat (§ 314 Abs. 3 BGB). Mehr als zwei bis drei Monate sollte der Mieter bei einem Wohnungsmangel also nicht mit der fristlosen Kündigung warten.

Checkliste: So kündigen Sie richtig

- Kündigen Sie schriftlich (§ 568 Abs. 1 BGB). Mündliche Kündigungen oder solche per Fax oder E-Mail sind unwirksam. Schicken Sie die Kündigung aus Beweisgründen per Einschreiben mit Rückschein.
- Lassen Sie die Kündigung von allen Mietern unterschreiben. Adressieren Sie sie an alle Vermieter.
- Begründen Sie die außerordentliche Kündigung. Geben Sie den Kündigungsgrund so präzise wie möglich an.
- Bringen Sie zum Ausdruck, warum es Ihnen nicht zumutbar ist, eine ordentliche Kündigung auszusprechen und bis zum Ende der Kündigungsfrist in der Wohnung zu bleiben.
- Kündigen Sie sicherheitshalber stets zugleich hilfsweise auch ordentlich, damit Ihr Schaden begrenzt bleibt, wenn die gerichtliche Auseinandersetzung wider Erwarten ergibt, dass Sie nicht fristlos kündigen durften.

Musterbrief: Außerordentliche Kündigung wegen eines Wohnungsmangels

Mit Schreiben vom ... habe ich Ihnen angezeigt, dass die Wasserversorgung in unserer Wohnung völlig ausgefallen ist. Ich habe Sie aufgefordert, den Mangel bis zum ... zu beseitigen. Dieser Aufforderung sind Sie nicht nachgekommen.

Wegen der kalten Jahreszeit sind wir auf die Wasserversorgung dingend angewiesen. Ein weiteres Zuwarten, insbesondere den Ablauf der ordentlichen Kündigungsfrist abzuwarten, ist mir nicht zuzumuten. Sie haben bis heute auch nicht signalisiert, ob und wann Sie den Mangel beseitigen werden.

Daher kündige ich das Mietverhältnis über ... fristlos. Vorsorglich kündige ich den Mietvertrag zugleich hilfsweise auch ordentlich zum nächst zulässigen Zeitpunkt.

WENN BEI DER MÄNGELBESEITIGUNG DURCH DEN VERMIETER AUFWENDUNGEN FÜR MIETER ENTSTEHEN

Die Beseitigung von Wohnungsmängeln durch den Vermieter kann auch für den Mieter mit Aufwendungen verbunden sein. So muss er z. B. nach Abschluss der Maßnahmen die Wohnung oder einzelne Einrichtungsgegenstände reinigen lassen oder während der Arbeiten vorübergehend in ein Hotel ziehen. Aufwendungen, die dem Mieter im Zusammenhang mit der Mängelbeseitigung durch den Vermieter entstehen, hat ihm dieser zu ersetzen. Auf Verlangen hat der Vermieter einen Vorschuss zu leisten (§ 555a Abs. 3 BGB).

Checkliste: So machen Sie Aufwendungsersatz richtig geltend

- Weisen Sie den Vermieter darauf hin, dass Ihnen im Zusammenhang mit der Mängelbeseitigung Aufwendungen entstanden sind.
- Beziffern Sie Ihre Aufwendungen. Legen Sie dem Vermieter die entsprechenden Belege vor.
- Fordern Sie vom Vermieter Ersatz Ihrer Aufwendungen; setzen Sie eine Zahlungsfrist.
- Kündigen Sie vorsorglich die Aufrechnung Ihrer Forderung mit der fälligen Miete für den nächsten Monat an, wenn der Vermieter die Aufwendungen innerhalb der Zahlungsfrist nicht ersetzt.

Musterbrief: Aufwendungsersatz für Kosten bei der Mängelbeseitigung

Für die Beseitigung der Ihnen am ... angezeigten Wohnungsmängel bedanke ich mich. Leider sind mir aufgrund der erforderlichen Maßnahmen folgende Kosten entstanden: ...[Bezeichnung der notwendigen Maßnahmen und Aufstellung der Kosten]. Kopien der Rechnungen und Quittungen lege ich diesem Schreiben bei. Die Originale können Sie gerne einsehen.

Gemäß § 555a Abs. 3 BGB verlange ich Ersatz der mir im Rahmen der Mängelbeseitigungen entstandenen Aufwendungen. Bitte überweisen Sie mir den Gesamtbetrag von ... Euro bis ... auf mein Konto ...

Vorsorglich weise ich Sie bereits jetzt darauf hin, dass ich den Betrag mit der Miete für ... verrechnen werde, wenn Sie den Aufwendungsersatz nicht innerhalb der genannten Frist überwiesen haben.

RECHTE DES MIETERS BEI BEENDIGUNG DES MIETVERHÄLTNISSES

WENN DER MIETER MIT DER KÜNDIGUNG DES MIETVERTRAGS DURCH DEN VERMIETER NICHT EINVERSTANDEN IST

Der Vermieter darf ein Wohnraummietverhältnis nur bei berechtigtem Interesse kündigen.
Ein berechtigtes Interesse liegt insbesondere vor, wenn

- der Mieter seine vertraglichen Pflichten schuldhaft erheblich verletzt,
- der Vermieter die Räume als Wohnung für sich, seine Familienangehörigen oder Angehörige seines Haushalts benötigt oder
- der Vermieter durch die Fortsetzung des Mietverhältnisses an einer angemessenen wirtschaftlichen Verwertung des Grundstücks gehindert und dadurch erhebliche Nachteile erleiden würde. Nicht allein ausreichend ist der Wunsch, eine höhere Miete zu erzielen.

Berechtigtes Interesse

Auch wenn der Vermieter ein berechtigtes Interesse an der Beendigung des Mietverhältnisses hat, kann der Mieter der Kündigung widersprechen. Möglich ist das, wenn das Ende des Mietverhältnisses für ihn, seine Familie oder einen anderen Haushaltsangehörigen eine unzumutbare Härte bedeuten würde, die auch unter Würdigung des berechtigten Interesses des Vermieters nicht zu rechtfertigen ist (§ 574 BGB). Der Vermieter soll den Mieter bei der Kündigungserklärung auf die Möglichkeit des Widerspruchs aufmerksam machen (§ 568 Abs. 2 BGB). Liegt für den Mieter ein Härtefall vor, muss das Mietverhältnis für eine angemessene Zeit fortgesetzt werden. Eine unzumutbare Härte besteht nur, wenn besondere Gründe vorliegen, z.B. hohes Alter, schwere Erkrankung oder Schwangerschaft. Als Härte gilt auch, wenn angemessener Ersatzwohnraum zu zumutbaren Bedingungen nicht beschafft werden kann.

Checkliste: So widersprechen Sie der Kündigung richtig

- Erklären Sie den Widerspruch gegen die Kündigung klar und eindeutig.
- Den Widerspruch müssen Sie schriftlich erklären (574b Abs. 1 BGB). Übersenden Sie den Brief aus Beweisgründen per Einschreiben mit Rückschein.
- Begründen Sie in Ihrem Widerspruch, warum die Kündigung für Sie oder eines Ihrer Familienmitglieder eine unzumutbare Härte bedeutet (§ 574b Abs. 1 BGB).
- Spätestens zwei Monate bevor das Mietverhältnis aufgrund der Kündigung beendet werden soll, muss der Widerspruch dem Vermieter zugehen. Andernfalls kann dieser den Widerspruch zurückweisen, indem er die Fortsetzung des Mietverhältnisses ablehnt (§ 574b Abs. 2 BGB).

Musterbrief: Widerspruch wegen nicht zu rechtfertigender Härte

Mit Schreiben vom ... haben Sie den Mietvertrag vom ... fristgemäß gekündigt. Hiermit widerspreche ich dieser Kündigung nach § 574 BGB, da die Beendigung des Mietverhältnisses auch unter Würdigung Ihrer berechtigten Interessen für mich und meine Familie eine unbillige Härte bedeuten würde. Denn wir können keinen angemessenen Ersatzwohnraum zu zumutbaren Bedingungen beschaffen.

Wir haben uns bemüht, anderweitig eine erschwingliche Ersatzwohnung zu finden. Hierzu haben wir uns auf verschiedene Wohnungsinserate gemeldet, eine eigene Zeitungsannonce geschaltet und uns beim städtischen Wohnungsamt gemeldet. Bisher war es uns jedoch nicht möglich, eine anderweitige Wohnung zu finden. Wir benötigen eine ... Zimmerwohnung und können dafür nicht mehr als ... Euro monatlich inklusive Betriebskosten zahlen. Meine Frau ist zurzeit arbeitslos. Mein monatliches Einkommen beläuft sich auf ... Euro, meine Frau erhält Arbeitslosengeld II in Höhe von ... Euro monatlich. Wir haben zwei Kinder, ein Kind ist behindert. ...

WENN DER MIETER DAS MIETVERHÄLTNIS KÜNDIGEN WILL

In aller Regel enden Mietverhältnisse durch Kündigung. Bei einer normalen „ordentlichen" Kündigung müssen Kündigungsfristen eingehalten werden. Daneben gibt es die außerordentliche Kündigung aus wichtigem Grund, die auch fristlos erfolgen kann. Und in einzelnen Fällen gibt es Sonderkündigungsrechte, die die Kündigungsfristen verkürzen.

Ordentliche Kündigung

Die ordentliche Kündigung des Mieters muss – im Gegensatz zur der des Vermieters – nicht begründet werden. Sie muss aber schriftlich erklärt und es muss eine Kündigungsfrist eingehalten werden. Das Kündigungsschreiben muss dem Vermieter spätestens am dritten Werktag eines Kalendermonats zugehen, damit die Kündigung zum Ablauf des übernächsten Monats wirksam wird (§ 573c Abs. 1 BGB). Im Streitfall muss der Mieter den Zugang der Kündigung beweisen. Gibt es mehrere Mieter, so muss die Kündigung von allen ausgesprochen werden. Und selbstverständlich ist die Kündigung auch an alle Vermieter zu richten.

Checkliste: So kündigen Sie das Mietverhältnis ordentlich

- Kündigen Sie schriftlich (§ 568 Abs. 1 BGB). Mündliche Kündigungen oder solche per Fax oder E-Mail sind unwirksam.
- Schicken Sie die Kündigung aus Beweisgründen per Einschreiben mit Rückschein.
- Adressieren Sie sie an alle Vermieter. Lassen Sie die Kündigung von allen Mietern unterschreiben.
- Achten Sie auf die Kündigungsfrist.

Musterbrief: Ordentliche Kündigung

Hiermit kündige ich das Mietverhältnis über die Wohnung ... [Adresse] zum nächstmöglichen Zeitpunkt. Nach meiner Berechnung ist das der ... [Datum]. Bitte schlagen Sie mir einen Termin für die Vorabnahme der Wohnung vor. Dieser sollte aus meiner Sicht nicht vor dem ... [Datum], spätestens aber am ... [Datum] stattfinden.

Fristlose Kündigung

Das Mietverhältnis kann fristlos gekündigt werden, wenn ein wichtiger Grund vorliegt, der so gravierend ist, dass dem Mieter die Fortsetzung des Vertrags bis zum Ablauf der regulären Kündigungsfrist bzw. bis zum Mietende nicht zugemutet werden kann (vgl. dazu Seite 111 f.).

Sonderkündigungsrechte des Mieters bestehen unter anderem, wenn der Vermieter die Miete auf die ortsübliche Vergleichsmiete (vgl. dazu Seite 95 f.) oder wegen Modernisierungsmaßnahmen (vgl. dazu Seite 105) erhöhen will.

WENN DER ZEITMIETVERTRAG AUSLÄUFT

Ein Zeitmietvertrag ist ein Mietvertrag, bei dem die Mietzeit vertraglich festgelegt ist. Das Mietverhältnis endet zu einem festgelegten Termin und kann während der festen Vertragszeit weder durch den Vermieter noch durch den Mieter ordentlich gekündigt werden.

Befristungsgründe

Ein Zeitmietvertrag ist nur zulässig, wenn der Vermieter nach Ablauf der Befristung eine ganz bestimmte Verwendungsabsicht für die Wohnung hat. Nach § 575 Abs. 1 BGB kommen nur drei Befristungsgründe in Betracht: Der Vermieter will nach Ablauf der Mietzeit die Räume

- für sich oder seine Familien- oder Haushaltsangehörigen nutzen (Eigenbedarf),
- in zulässiger Weise beseitigen oder so wesentlich verändern oder instandsetzen, dass die Maßnahmen durch eine Fortsetzung des Mietverhältnisses erheblich erschwert würden,
- an einen zur Dienstleistung Verpflichteten vermieten.

Der Vermieter muss dem Mieter den Befristungsgrund bei Vertragsschluss schriftlich mitteilen. Er kann dies im Mietvertragsformular oder in einem gesonderten Schreiben tun. Liegt keine schriftliche Mitteilung oder kein gesetzlich zulässiger Befristungsgrund vor, so gilt das Mietverhältnis als auf unbestimmte Zeit (unbefristet) abgeschlossen.

Wenn der Mieter auch nach Vertragsende in der Wohnung bleiben will, kann er vom Vermieter verlangen, dass dieser ihm vor Beendigung des Mietverhältnisses mitteilt, ob der Befristungsgrund noch besteht (§ 575 Abs. 2 BGB).

Checkliste: So verlangen Sie die Mitteilung des fortbestehenden Befristungsgrunds

- Weisen Sie Ihren Vermieter darauf hin, dass nach dem befristeten Mietvertrag das Mietverhältnis zu dem darin festgelegten Zeitpunkt ausläuft.
- Verlangen Sie vom Vermieter Auskunft darüber, ob der im Mietvertrag festgelegte Befristungsgrund noch besteht.
- Setzen Sie dem Vermieter eine Frist für die Mitteilung von mindestens vier Wochen.
- Verlangen Sie vom Vermieter frühestens vier Monate vor Vertragsende eine entsprechende Erklärung (§ 575 Abs. 2 BGB).

Musterbrief: Aufforderung zur Mitteilung, ob Befristungsgrund noch besteht

Nach dem Mietvertrag vom ... endet das Mietverhältnis mit Ihnen zum ... Wir möchten Sie bitten, uns bis zum ... [Zeitraum von einem Monat, genaues Datum eintragen] mitzuteilen, ob der im Mietvertrag angegebene Grund für die Befristung noch besteht.

Bestätigung

Bestätigt der Vermieter innerhalb eines Monats seinen ursprünglichen Befristungsgrund, so endet das Mietverhältnis zum vereinbarten Zeitpunkt, ohne dass der Mieter eine Möglichkeit zur Verlängerung hat.

Erfolgt die Mitteilung später, so kann der Mieter eine Verlängerung des Mietverhältnisses um den Zeitraum der Verspätung verlangen (§ 575 Abs. 2 Satz 2 BGB).

Checkliste: So erklären Sie Ihr Verlängerungsverlangen wegen verspäteter Auskunft richtig

- Weisen Sie den Vermieter darauf hin, dass Sie ihn fristgemäß um Mitteilung gebeten haben, ob der im Mietvertrag angegebene Befristungsgrund noch besteht.
- Bringen Sie zum Ausdruck, dass der Vermieter die gesetzliche Mindestfrist für die Mitteilung nicht eingehalten hat.
- Erklären Sie ausdrücklich, dass Sie die Verlängerung des Mietverhältnisses um den Zeitraum der verspäteten Mitteilung verlangen.
- Machen Sie Ihren Anspruch aus Beweisgründen schriftlich geltend.

Musterbrief: Verlängerungsverlangen wegen verspäteter Auskunft

Nach dem Zeitmietvertrag vom ... endet das Mietverhältnis am ... Am ... habe ich Sie gebeten, mir innerhalb eines Monats mitzuteilen, ob der im Mietvertrag angegebene Grund für die Befristung noch besteht.

Mit Schreiben vom ..., bei mir eingegangen am ..., haben Sie mir mitgeteilt, dass der im Mietvertrag angegebene Befristungsgrund nach wie vor besteht. Allerdings haben Sie die gesetzliche Mindestfrist nicht eingehalten. Deshalb verlange ich hiermit die Verlängerung des Mietverhältnisses um den Zeitraum der Verspätung gemäß § 575 Abs. 2 Satz 2 BGB.

Wegfall des Befristungsgrunds

Wenn der Befristungsgrund später eintritt, kann der Mieter vom Vermieter eine Verlängerung des Mietverhältnisses um einen entsprechenden Zeitraum verlangen. Entfällt der Befristungsgrund vollständig, kann der Mieter eine Verlängerung des Mietverhältnisses auf unbestimmte Zeit verlangen (§ 575 Abs. 3 BGB).

Checkliste: So erklären Sie Ihr Verlängerungsverlangen wegen Wegfall des Befristungsgrunds richtig

- Weisen Sie den Vermieter darauf hin, dass Sie ihn fristgemäß um Mitteilung gebeten haben, ob der im Mietvertrag angegebene Befristungsgrund noch besteht.
- Erklären Sie ausdrücklich, dass Sie die Verlängerung des Mietverhältnisses auf unbestimmte Zeit verlangen, weil der im Mietvertrag angegebene Befristungsgrund nicht mehr gegeben ist.
- Machen Sie Ihren Anspruch aus Beweisgründen schriftlich geltend.

Musterbrief: Verspätungsverlangen wegen Wegfall des Befristungsgrundes

Nach dem Zeitmietvertrag vom ... endet das Mietverhältnis am ... Am ... habe ich Sie gebeten, mir innerhalb eines Monats mitzuteilen, ob der im Mietvertrag angegebene Grund für die Befristung noch besteht.

Mit Schreiben vom ..., bei mir eingegangen am ..., haben Sie mir mitgeteilt, dass der im Mietvertrag angegebene Befristungsgrund weggefallen ist. Deshalb verlange ich hiermit gemäß § 575 Abs. 3 Satz 2 BGB die Verlängerung des Mietverhältnisses auf unbestimmte Zeit.

WENN DER VERMIETER DIE RÜCKZAHLUNG DER MIETKAUTION VERZÖGERT ODER VERWEIGERT

Der Mietvertrag ist gekündigt, die Wohnung wurde an den Vermieter in einwandfreiem Zustand zurückgegeben, jetzt fehlt nur noch die Rückzahlung der Mietkaution. Natürlich hat der Mieter ein Interesse daran, dass ihm sein Geld möglichst rasch zurückgezahlt wird. Doch viele Vermieter weigern sich, die Mietkaution so schnell aus der Hand zu geben. Schließlich stehen noch mögliche Nachforderungen, z. B. wegen der ausstehenden Betriebskostenabrechnung aus.

Sicherungszweck

Klar ist: Das Mietverhältnis muss beendet sein. Aber das allein reicht nicht aus. Die Rückzahlung der Mietkaution wird nämlich nicht automatisch mit der Beendigung des Mietverhältnisses und der vollständigen Räumung der Wohnung fällig. Der Vermieter darf die Kaution einbehalten, bis etwa vorhandene Schäden oder Mietrückstände beseitigt sind. Er darf die Kaution für eine angemessene Frist zurückhalten, um zu entscheiden, ob und in welcher Weise er sie zur Deckung seiner Ansprüche gegen den Mieter verwenden möchte. Und unter den Sicherungszweck der Mietkaution fallen auch Schäden, die bei der Wohnungsaufgabe nicht beseitigt wurden oder eine ausstehende Abschlussrenovierung. Auch mögliche Ansprüche aus einer Betriebskostenabrechnung sichert die Kaution.

Überlegungsfrist

Die Gerichte räumen dem Vermieter eine angemessene „Überlegungsfrist" für die Rückzahlung der Kaution ein. Darüber, wie lange die Frist sein soll, gibt es allerdings keine einheitliche Rechtsprechung. Es wird von einer Frist zwischen drei und sechs Monaten ausgegangen. Wenn besondere Umstände vorliegen, kann die Frist aber auch länger sein.

Checkliste: So verlangen Sie die Rückzahlung der Kaution richtig

- Weisen Sie den Vermieter darauf hin, dass Sie die Wohnung in ordnungsgemäßem Zustand zurückgegeben haben.
- Fordern Sie die Rückzahlung der Kaution. Setzen Sie dem Vermieter eine Zahlungsfrist.
- Drohen Sie dem Vermieter an, Ihren Anspruch gerichtlich geltend zu machen, wenn die Rückzahlung der Kaution nicht fristgemäß erfolgt.

Musterbrief: Rückzahlung der Kaution nach Vertragsbeendigung

Am ... endete das Mietverhältnis über ... [Bezeichnung der Wohnung]. Die Wohnung habe ich Ihnen ordnungsgemäß übergeben, was Sie im Übergabeprotokoll vom ... ausdrücklich bestätigt haben.

Zwischenzeitlich hatten Sie ausreichend Zeit zu prüfen, ob die Inanspruchnahme meiner Mietsicherheit wegen etwaiger Ihnen zustehender Ansprüche erforderlich ist. Bis heute haben Sie keine Ansprüche geltend gemacht, jedoch auch nicht die Kaution zurückgewährt. Ich fordere Sie deshalb auf, mir die Mietkaution in Höhe von ... nebst Zinsen bis spätestens zum ... zurückzuzahlen.

Bitte überweisen Sie den fälligen Betrag bis zum ... auf mein Konto ... Andernfalls wäre ich gezwungen, meinen Anspruch gerichtlich durchzusetzen.

WENN DER VERMIETER DIE RENOVIERUNG DER WOHNUNG VERLANGT

In der Regel wird der Vermieter im Mietvertrag den Mieter zur Durchführung von Schönheitsreparaturen verpflichten. In diesem Fall muss der Mieter diese auf eigene Kosten durchführen. Voraussetzung ist allerdings, dass die im Mietvertrag getroffene Regelung wirksam ist. Und das ist häufig nicht der Fall. Zahlreiche Klauseln über Schönheitsreparaturen sind unwirksam, weil sie den Mieter gegen Treu und Glauben unangemessen benachteiligen. In diesen Fällen kann sich der Vermieter dann nicht auf die Regelung im Mietvertrag berufen, selbst wenn diese vom Mieter akzeptiert wurde.

Grad der Abnutzung

Wann Schönheitsreparaturen fällig sind, richtet sich grundsätzlich nach dem Grad der Abnutzung der Wohnung. In der Praxis wird im Mietvertrag häufig ein Fristenplan vereinbart, nach dem der Mieter die Wohnung innerhalb bestimmter Zeiträume zu renovieren hat. Zulässig sind solche Fristen nur, wenn sie angemessen sind und lediglich eine Regel vorgeben, dass nach ihrem Ablauf im Allgemeinen Renovierungsarbeiten erforderlich sind. Ausnahmen müssen also möglich bleiben, wenn der Mieter beweisen kann, dass die Wohnräume noch nicht renovierungsbedürftig sind. Die Fristen sind für die einzelnen Räume unterschiedlich bemessen. Folgende Regelfristen werden für angemessen gehalten:

- Küche, Bad, Duschräume: alle drei Jahre,
- Wohn- und Schlafräume, Flur, Diele, Toilette: alle fünf Jahre,
- andere Nebenräume: alle sieben Jahre.

Fristenpläne, die kürzere Zeiträume enthalten, sind unwirksam. Die Fristen dürfen erst vom Einzug des Mieters an berechnet werden. Vor Ablauf der Fristen muss der Mieter nur bei übermäßiger Abnutzung renovieren.

Renovierung bei Auszug

Häufig enthalten Mietverträge Klauseln über die Renovierung der Wohnung beim Auszug des Mieters. Solche Regelungen sind unwirksam, soweit die Schönheitsreparaturen während der Mietzeit unberücksichtigt bleiben. Unwirksam ist deshalb z.B. folgende Vertragsklausel: „Die Mieträume sind bei Auszug sauber und ohne Rücksicht auf den für Schönheitsreparaturen vereinbarten Zeitablauf in fachmännisch renoviertem Zustand zurückzugeben." Aufgrund einer solchen unwirksamen Vertragsklausel kann der Vermieter bei Auszug keine Schönheitsreparaturen durch den Mieter verlangen.

Checkliste: So reklamieren Sie unwirksame Renovierungsklauseln richtig

- Weisen Sie den Vermieter darauf hin, dass die im Vertrag vereinbarte Klausel über Schönheitsreparaturen unwirksam ist.
- Bringen Sie zum Ausdruck, dass Sie aufgrund dieser Rechtslage keine Auszugsrenovierung durchführen werden.
- Erklärung Sie Ihre Weigerung schriftlich.

Musterbrief: Verweigerung der Auszugsrenovierung

Mit Schreiben vom ... haben Sie mich aufgefordert, beim Auszug aus der Wohnung die vertraglich vereinbarte Schlussrenovierung auszuführen. Sie verweisen auf die im Mietvertrag getroffene Festlegung, dass ich im Falle des Auszugs in jedem Fall Schönheitsreparaturen durchzuführen habe. Die im Mietvertrag vereinbarte Klausel ist allerdings unwirksam, weil ... [Begründung der Unwirksamkeit].

Ich bin deshalb nicht bereit, die von Ihnen geforderte Schlussrenovierung der Wohnung vorzunehmen.

Wenn der Mieter trotz ungültiger Vertragsklausel bereits renoviert hat, kann er vom Vermieter Geld für das verauslagte Material und einen Ausgleich für die aufgewendete Arbeitszeit verlangen (§ 539 Abs. 1 BGB).

Checkliste: So machen Sie Aufwendungsersatz richtig geltend

- Weisen Sie den Vermieter darauf hin, dass die im Vertrag vereinbarte Klausel über Schönheitsreparaturen unwirksam ist.
- Bringen Sie zum Ausdruck, dass Sie davon ausgegangen sind, dass die getroffene Vereinbarung wirksam ist.
- Machen Sie Aufwendungsersatz für das verauslagte Material und Ihre Arbeitszeit geltend.
- Belegen Sie Ihre Sachkosten durch entsprechende Rechnungen oder Quittungen.

Musterbrief: Aufwendungsersatz für unberechtigte Schönheitsreparaturen

Mit Schreiben vom ... haben Sie mich aufgefordert, bestimmte Schönheitsreparaturen auszuführen. Die Arbeiten habe ich mittlerweile fristgerecht beendet. Nunmehr habe ich allerdings festgestellt, dass die im Mietvertrag vereinbarte Klausel unwirksam ist, weil ... [Begründung der Unwirksamkeit].

Ich bin von der Wirksamkeit der im Mietvertrag getroffenen Vereinbarung und der Verpflichtung ausgegangen, die geforderten Arbeiten ausführen zu müssen. Dem ist aber nicht so. Ich verlange deshalb von Ihnen für die von mir ausgeführten Malerarbeiten Aufwendungsersatz nach § 539 Abs. 1 BGB. Die mir entstandenen Kosten für die Malerarbeiten können Sie der beiliegenden Rechnung entnehmen.

Bitte überweisen Sie mir den genannten Betrag bis spätestens ... auf mein Konto ...

RICHTIG REKLAMIEREN GEGENÜBER BANKEN UND SPARKASSEN

04

Beim Geld hört der Spaß auf – so sagt der Volksmund. Ob unzulässige Bankgebühren oder zu hohe Vorfälligkeitsentschädigungen – immer wieder gibt es Ärger bei der Entgeltberechnung durch Banken und Sparkassen. Probleme kann es aber auch bei unberechtigten Lastschriften oder beim Widerruf oder der Kündigung eines Darlehens geben. Wie man zu seinem Recht kommt und auf was man achten muss, erfahren Sie in diesem Kapitel.

WENN DER KUNDE DAS GIROKONTO KÜNDIGEN WILL

Ein Girokonto kann jederzeit gekündigt werden, ohne dass eine Kündigungsfrist beachtet werden muss. Ausnahme allerdings: Die Bank hat mit dem Kontoinhaber eine feste Kündigungsfrist vereinbart. Eine längere Kündigungsfrist von mehr als einem Monat ist aber in jedem Fall unwirksam.

Checkliste: So kündigen Sie Ihr Girokonto richtig

- Kündigen Sie das Konto schriftlich.
- Fragen Sie bei Ihrer Bank, ob eine Kündigungsfrist vereinbart ist.
- Verlangen Sie die Überweisung eines Restguthabens auf Ihr neues Konto oder ermächtigen Sie die Bank, ein bestehendes Sollsaldo von Ihrem neuen Konto einzuziehen. Es empfiehlt sich, die beiden Konten mindestens einen Monat parallel laufen zu lassen. So wird verhindert, dass Zahlungen oder Abbuchungen ins Leere gehen.

Musterbrief: Kündigung des Girokontos

Hiermit kündige ich mein bei Ihnen geführtes Girokonto mit der Nummer ...

Bitte übertragen Sie das noch bestehende Guthaben inklusive aufgelaufener Zinsen auf das folgende Girokonto:

Kontonummer ...
BLZ: ...
Bank: .....
Kontoinhaber: ...

[Oder]

Falls ein Sollsaldo besteht, ermächtige ich Sie, diesen Betrag inklusive aufgelaufener Zinsen von folgendem Konto einzuziehen:

Girokonto: ...
Kontonummer ...

BLZ: ...
Bank: .....
Kontoinhaber: ...

Zum Konto gehörige Karten und Schecks habe ich zerschnitten beigelegt.

Bitte bestätigen Sie mir den Eingang dieser Kündigung schriftlich.

WENN DER KUNDE EINER LASTSCHRIFT WIDERSPRECHEN WILL

SEPA-Lastschrift

Ob Telefonrechnung, Versicherungsprämie oder Rundfunkbeitrag – in vielen Fällen nutzen wir als Zahlungsform die Einzugsermächtigung. Diese wurde am 1. Februar 2014 durch die europaweite SEPA-Lastschrift ersetzt. Nunmehr gilt: Der Kontoinhaber muss für neue Lastschriften ein schriftliches Mandat erteilen, mit dem er sein Einverständnis erklärt und seiner Bank den Auftrag erteilt, dass der Zahlungsempfänger Geld von seinem Konto einziehen darf – eine Einwilligung per Mail oder telefonisch ist nicht mehr möglich. Der Zahlungsempfänger muss den Kontoinhaber außerdem vorher über eine Abbuchung informieren. Die bisherigen Einzugsermächtigungen gelten weiter und können als SEPA-Lastschrift (SEPA-Basislastschrift) genutzt werden. Bankkunden müssen ihre schon erteilten Einzugsermächtigungen also nicht erneuern. Die Umstellung übernimmt die Bank. Der Zahlungsempfänger unterrichtet den Kunden, wenn er auf das SEPA-Basislastschriftverfahren wechselt.

Kunden können einer Lastschriftabbuchung weiterhin ohne Angabe von Gründen widersprechen. Die Bank wird den Betrag dann wie gewohnt dem Kundenkonto wieder gutschreiben. Es gilt eine gesetzliche Widerspruchsfrist von acht Wochen, beginnend mit der Belastungsbuchung. Bei unberechtigten Lastschriften, wenn der Bankkunde also gar keine Einzugsermächtigung (kein SEPA-Lastschriftmandat) erteilt hat, gilt nach wie vor die gesetzliche Rückerstattungsfrist von 13 Monaten.

Checkliste: So widersprechen Sie einer SEPA-Lastschrift richtig

- Weisen Sie die Bank darauf hin, dass Sie der Abbuchung nicht zugestimmt haben.
- Verlangen Sie die Annullierung der Abbuchung und Gutschrift des abgebuchten Betrags auf Ihrem Konto.
- Widersprechen Sie der Abbuchung innerhalb der Rückerstattungsfrist von acht Wochen. Wenn Sie kein SEPA-Lastschriftmandat erteilt haben, muss der Widerspruch innerhalb von 13 Monaten erfolgen.

Musterbrief: Widerspruch gegen Lastschrift

Soeben stelle ich fest, dass auf meinem Kontoauszug Nummer … vom … folgende Belastung per Lastschrift vermerkt ist:

Buchungsdatum: ...
Buchungstext: ...
Betrag: ...

Ich habe für diese Abbuchung keine Zustimmung erteilt. Deshalb bitte ich Sie, das Konto unter Annullierung der Buchung zu berichtigen.

WENN DIE BANK ODER SPARKASSE UNZULÄSSIGE KONTOFÜHRUNGS-ENTGELTE ERHEBT

Immer wieder stellen Banken und Sparkassen ihren Kunden Entgelte in Rechnung, die die Gerichte dann für unzulässig erklären. Unzulässige Kontoführungsentgelte kann der Kunde zurückfordern. Der Anspruch auf Rückzahlung verjährt innerhalb von drei Jahren (§ 195 BGB). Die Verjährungsfrist beginnt mit dem Schluss des Jahres, in dem der Anspruch entstanden ist (§ 199 Abs. 1 BGB).

Die Liste unzulässiger Bankentgelte ist lang. Hier ein kleiner Auszug:

- Die Bank oder Sparkasse darf für eine Kontopfändung und deren monatliche Überprüfung kein Geld verlangen, da sie gesetzlich verpflichtet ist, die Pfändung zu bearbeiten. Auch Kosten einer Vorpfändung oder eines Zahlungsverbots müssen betroffene Kunden nicht zahlen (BGH, Az. XI ZR 219/98 und XI ZR 8/99).
- Wenn der Kunde Geld auf sein eigenes Konto einzahlt oder abhebt, darf die Bank oder Sparkasse in den meisten Fällen keine Gebühren verlangen. Nur wenn vereinbart ist, dass das Kreditinstitut neben dem Grundpreis für das Konto jede Buchung extra abrechnet und mindestens fünf Buchungen im Monat kostenlos sind, darf es für die weiteren Buchungen kassieren (BGH, Az. XI ZR 197/00 und XI ZR 154/04). Diese Rechtsprechung scheint aber mit Umsetzung der Zahlungsdiensterichtlinie in deutsches Recht zum 31.10.2009 überholt zu sein. Auch die Bareinzahlung auf das eigene Konto ist ein Zahlungsdienst, für den Geld verlangt werden darf. So hat auch das Oberlandesgericht Bamberg 2013 entschieden.

Checkliste: So reklamieren Sie unberechtigte Bankentgelte richtig

- Machen Sie Ihren Anspruch auf Rückzahlung zu Unrecht gezahlter Entgelte aus Beweisgründen schriftlich geltend.
- Begründen Sie, warum das in Rechnung gestellte Entgelt unzulässig ist.
- Verlangen Sie Rückzahlung; setzen Sie eine Zahlungsfrist.
- Achten Sie auf die Verjährungsfrist.

Musterbrief: Rückforderungen unzulässiger Bankentgelte

Im Zusammenhang mit der Führung meines Girokontos mit der Kontonummer ... haben Sie mir ... [Bezeichnung und Höhe des berechneten Entgelts] in Rechnung gestellt.

Das Entgelt muss ich nicht zahlen. ... [Begründung; z. B.: Mit Urteil vom 22.5.2012 hat der Bundesgerichtshof (Az. XI ZR 290/11) entschieden, dass ein Entgelt für die verweigerte Einlösung von Lastschriften nicht zulässig ist].

Ich fordere Sie deshalb auf, den von mir insgesamt gezahlten Betrag bis zum ... auf mein Konto ... zu überweisen.

WENN DIE BANK ODER SPARKASSE BEI EINEM PFÄNDUNGSSCHUTZ-KONTO HÖHERE ENTGELTE BERECHNET

Tipp

Weitere Informationen bieten die Ratgeber „Wenn die Pfändung droht" und „Geschafft: Schuldenfrei!" der Verbraucherzentralen (www.vz-ratgeber.de).

Seit 2012 gibt es Pfändungsschutz auf einem Girokonto nur noch auf dem sogenannten Pfändungsschutzkonto, kurz P-Konto. Dabei handelt es sich um ein normales Girokonto, bei dem durch eine besondere Vereinbarung des Kunden mit seiner Bank ein im Gesetz näher festgelegter Pfändungsschutz für Kontoguthaben besteht. Ein Girokonto wird zu einem P-Konto, wenn der Kontoinhaber diese Umwandlung von seiner Bank verlangt.

Das P-Konto bietet Schuldnern einen unbürokratischen Weg, während einer Kontopfändung über den unpfändbaren Teil der Einkünfte zu verfügen. Bei diesem Konto ist jeden Monat ein Betrag in Höhe der Pfändungsfreigrenzen vor dem Zugriff der Gläubiger geschützt. Damit wird verhindert, dass das Konto von Gläubigern komplett leer geräumt wird und die Bank wichtige Lastschriften und Daueraufträge etwa für die Miete nicht mehr ausführt.

Für das Pfändungsschutzkonto dürfen Banken und Sparkassen – im Vergleich zu üblichen Gehaltskonten – kein höheres Entgelt für Kontoführung, Überweisungen oder Lastschriften berechnen

Checkliste: So reklamieren Sie zu Unrecht in Rechnung gestellte Entgelte richtig

- Machen Sie Ihren Anspruch auf Rückzahlung zu Unrecht gezahlter Entgelte aus Beweisgründen schriftlich geltend.
- Begründen Sie, warum das in Rechnung gestellte Entgelt unzulässig ist.
- Verlangen Sie Rückzahlung. Setzen Sie eine Zahlungsfrist.

Musterbrief: Rückforderung höherer Kontoführungsentgelte

Seit dem ... führen Sie mein bestehendes Girokonto als Pfändungsschutzkonto. Vor der Umwandlung habe ich monatliche Entgelte in Höhe von ... Euro gezahlt. Für das Pfändungsschutzkonto verlangen Sie nunmehr monatlich ... Euro. Dies geht aus ... [z.B. dem Kontoauszug, der Vereinbarung über die Führung des P-Kontos oder einem Schreiben der Bank oder Sparkasse] hervor. Damit bin ich nicht einverstanden.

Die Berechnung höherer Kontoführungsentgelte für das Pfändungsschutzkonto ist nicht zulässig, weil es sich um eine gesetzliche Pflicht der Kreditinstitute handelt. Hierfür dürfen keine gesonderten Entgelte verlangt werden. Der Gesetzgeber ist davon ausgegangen, dass sich die Kontoführungsgebühren für das P-Konto an denen des normalen Gehaltskontos orientieren. Dies hat der Bundesgerichtshof mit den Urteilen vom 13.11.2012, AZ XI ZR 145/12 und XI ZR 500/11, und zuletzt mit Urteil vom 16.7.2013, AZ XI ZR 260/12 erneut bestätigt: Banken dürfen nach der Umwandlung eines Girokontos in ein Pfändungsschutzkonto kein höheres Kontoführungsentgelt verlangen.

Ich fordere Sie daher auf, die Entgelterhöhung zurückzunehmen und die seit der Umstellung des Kontos unzulässig einbehaltenen Entgeltbestandteile in Höhe von ... bis zum ... meinem Girokonto gutzuschreiben.

WENN DER KUNDE EIN VERBRAUCHERDARLEHEN WIDERRUFEN WILL

Ein Verbraucherdarlehensvertrag ist ein entgeltlicher Darlehensvertrag zwischen einem Unternehmer als Darlehensgeber und einem Verbraucher als Darlehensnehmer (z. B. Darlehensvertrag der Bank zur Finanzierung eines Autos). Zum Schutz des Darlehensnehmers enthalten die §§ 491 ff. BGB Regelungen, die nicht zu dessen Nachteil abgeändert oder durch anderweitige Gestaltungen umgangen werden dürfen. Die folgende Darstellung berücksichtigt die ab 13. Juni 2014 geltende Rechtslage.

Pflichtangaben

Der Verbraucherdarlehensvertrag bedarf der Schriftform (§ 492 BGB). Er muss bestimmte Pflichtangaben enthalten. Dazu zählen beispielsweise der Name und die Anschrift des Kreditinstituts, die Art des Darlehens, der effektive Jahreszins, der Nettodarlehensbetrag, der Sollzinssatz, die Vertragslaufzeit, Betrag, Zahl und Fälligkeit der zu zahlenden Raten, der Gesamtbetrag, also die Summe aus Nettodarlehensbetrag und Kosten für den Kredit. Auch muss der Vertrag über das Widerrufsrecht des Kunden und die Möglichkeiten zur vorzeitigen Rückzahlung des Darlehens informieren.

Widerruf

Wegen der wirtschaftlichen und rechtlichen Tragweite des Vertrags steht dem Darlehensnehmer ein Widerrufsrecht zu (§ 495 BGB). Über dieses Recht muss ihn der Darlehensgeber informieren. Die Widerrufserklärung muss keine Begründung enthalten. Die Widerrufsfrist beträgt 14 Tage. Sie beginnt grundsätzlich mit Vertragsschluss (§ 355 Abs. 2 BGB). Die Widerrufsfrist beginnt aber nicht zu laufen, bevor dem Darlehensnehmer keine Vertragsurkunde, nicht sein schriftlicher Antrag oder keine Abschrift der Vertragsurkunde oder des Antrags vom Darlehensgeber zur Verfügung gestellt wurde (§ 356b Abs. 1 BGB). Enthält der Vertrag keine der oben genannten Pflichtangaben, beginnt die Frist erst zu laufen, wenn diese nachgeholt werden. In diesem Fall beträgt die Widerrufsfrist einen Monat (§ 356b Abs. 2 BGB).

Checkliste: So widerrufen Sie den Vertrag richtig

- Erklären Sie den Widerruf in Textform. Stellen Sie sicher, dass Sie den Zugang des Widerrufs nachweisen können.
- Bringen Sie in Ihrer Widerrufserklärung eindeutig und zweifelsfrei zum Ausdruck, dass Sie den abgeschlossenen Darlehensvertrag widerrufen.
- Erklären Sie den Widerruf innerhalb von 14 Tagen bzw. innerhalb von einem Monat, wenn der Darlehensvertrag nicht die gesetzlichen Pflichtangaben enthält.
- Zur Wahrung der Widerrufsfrist genügt es, wenn Sie den Widerruf rechtzeitig absenden.

Musterbrief: Widerruf des Darlehensvertrags

Hiermit möchte ich von meinem gesetzlichen Widerrufsrecht Gebrauch machen und den Darlehensvertrag vom ... innerhalb der gesetzlichen Frist widerrufen.

Bitte bestätigen Sie mir schriftlich den Eingang dieses Schreibens.

WENN DAS KREDITINSTITUT EIN UNZULÄSSIGES BEARBEITUNGSENTGELT FÜR EIN DARLEHEN VERLANGT

Viele Banken und Sparkassen berechnen ihren Kunden bei Abschluss eines Darlehensvertrags ein Bearbeitungsentgelt. Mittlerweile haben viele Oberlandesgerichte entschieden, dass dieses Entgelt unzulässig ist. Eine höchstrichterliche Entscheidung des Bundesgerichtshofs steht zwar noch aus, gleichwohl sollten Kunden unter Berufung auf die Entscheidungen der Oberlandesgerichte die Erstattung eines vom Kreditinstitut in Rechnung gestellten Bearbeitungsentgelts bei Darlehen verlangen. Der BGH wird die Frage nach der Zulässigkeit des Bearbeitungsentgelts am 13. Mai 2014 verhandeln.

Checkliste: So reklamieren Sie ein zu Unrecht in Rechnung gestelltes Bearbeitungsentgelt richtig

- Weisen Sie das Kreditinstitut darauf hin, dass das im Zusammenhang mit Ihrem Darlehen berechnete Bearbeitungsentgelt nicht zulässig ist.
- Verweisen Sie auf die Entscheidungen der Oberlandesgerichte.
- Fordern Sie das berechnete Entgelt zurück. Setzen Sie dem Kreditinstitut eine Zahlungsfrist.

Musterbrief: Rückforderung des Bearbeitungsentgelts

Im Zusammenhang mit der Finanzierung … [Bezeichnung des Finanzierungsprojekts] haben Sie mir ein Bearbeitungsentgelt in Höhe von … Euro berechnet. Dieses Entgelt ist unzulässig.

Die Bearbeitung des Darlehensvertrags und die vorbereitenden Tätigkeiten stellen keine gesonderte Leistung für den Kunden dar und dürfen aus diesem Grund nicht gesondert in Rechnung gestellt werden. Dies wurde bereits von den folgenden Oberlandesgerichten entschieden: OLG Karlsruhe, Urteil vom 03.05.2011, Az. 17 U 192/10; OLG Zweibrücken, Beschluss vom 21.02.2011, Az. 4 U 174/10; OLG Dresden, Urteil vom 02.12.2010, Az. 8 U 1461/10; OLG Bamberg, Urteil 04.08.2010, Az. 3 U 78/10; OLG Hamm, Urteil vom 11.04.2011, Az. I – 31 U 192/10; OLG Dresden, Urteil vom 29.09.2011, Az. 8 U 562/11.

Ich fordere Sie deshalb auf, das einbehaltene Entgelt bis zum … auf mein Konto … zu überweisen. Ferner fordere ich Sie auf, die auf Basis des Vertragszinses zu viel gezahlten Zinsen innerhalb der genannten Frist ordnungsgemäß zu berechnen und auf das angegebene Konto zu überweisen.

WENN DER DARLEHENSNEHMER EIN VERBRAUCHERDARLEHEN MIT UNBESTIMMTER LAUFZEIT KÜNDIGEN WILL

Ein Verbraucherdarlehen (vgl. oben), bei dem ein Zeitraum für die Rückzahlung bestimmt ist, kann vom Darlehensnehmer ohne Einhaltung einer Frist ganz oder teilweise gekündigt werden. Eine gesetzliche Kündigungsfrist besteht nicht, sie kann allerdings vertraglich bis zu einer Dauer von einem Monat vereinbart werden (§ 500 Abs. 1 BGB). Eine weitergehende Verlängerung der Frist ist unwirksam. Ausgenommen vom jederzeitigen Kündigungsrecht sind Immobiliendarlehensverträge (§ 503 BGB).

Checkliste: So kündigen Sie richtig

- Kündigen Sie den Darlehensvertrag aus Beweisgründen schriftlich.
- Prüfen Sie, ob Sie nach dem Darlehensvertrag eine Kündigungsfrist von bis zu einem Monat beachten müssen.
- Erklären Sie, wie Sie den Ausgleich einer eventuell noch bestehenden Restschuld auf dem Darlehenskonto vornehmen wollen.

Musterbrief: Kündigung eines Verbraucherdarlehens mit unbestimmter Laufzeit

Hiermit kündige ich das Darlehen vom ..., Nummer ... über ... Euro mit sofortiger Wirkung [bzw. bei bis zu einmonatiger Kündigungsfrist zum ...].

Ich bitte Sie, den Restbetrag des Darlehens von meinem Konto ... einzuziehen. Hiermit erteile ich Ihnen die Erlaubnis für den Lastschrifteinzug von diesem Konto.

[Oder]

Den Restbetrag des Darlehens, den ich Ihnen nach der Kündigung noch schulde, habe ich Ihnen auf das Darlehenskonto überwiesen.

[Oder]

Bitte teilen Sie mir die Höhe der Restschuld mit. Den entsprechenden Betrag werde ich Ihnen dann unverzüglich auf das Darlehenskonto überweisen.

Schließlich bitte ich Sie, mir eine schriftliche Bestätigung meiner Kündigung zukommen zu lassen.

WENN DER DARLEHENSNEHMER EIN DARLEHEN MIT FESTER LAUFZEIT KÜNDIGEN WILL

Ob ein Darlehen gekündigt werden kann, hängt zum einen davon ab, welcher Zinssatz – ein fester oder ein variabler – vereinbart worden ist und ob es sich um ein Immobiliendarlehen handelte oder nicht.

Ein Verbraucherdarlehen darf der Kunde zu jeder Zeit zurückzahlen (§ 500 Abs. 2 BGB). In diesen Fällen ist aber eine Vorfälligkeitsentschädigung zu zahlen (§ 502 BGB).

Ablauf der Zinsbindung

Falls für einen bestimmten Zeitraum ein fester Zinssatz (z.B. vier Prozent für fünf Jahre) vereinbart ist, kann der Darlehensnehmer das Darlehen kündigen, wenn die Zinsbindung vor der für die Rückzahlung bestimmten Zeit endet und kein neuer Zinssatz vereinbart worden ist. Die Kündigungsfrist beträgt einen Monat vor dem Ende der Zinsbindung (§ 489 Abs. 1 Nr. 1 BGB). Wenn der Zins über zehn Jahre hinaus fest vereinbart ist, hat der Darlehensnehmer nach Ablauf von zehn Jahren die Möglichkeit, das Darlehen mit einer Frist von sechs Monaten zu kündigen. Die Zehn-Jahres-Frist beginnt ab dem Tag, an dem der Darlehensnehmer das Darlehen vollständig erhalten hat (§ 489 Abs. 1 Nr. 2 BGB).

Checkliste: So kündigen Sie Darlehen mit festem Zinssatz richtig

- Kündigen Sie den Darlehensvertrag aus Beweisgründen schriftlich.
- Achten Sie auf die Einhaltung der Kündigungsfrist.
- Der Zeitpunkt, auf den gekündigt wird, muss nicht unbedingt angegeben werden; es ist im Zweifel der nächst zulässige Termin.
- Erklären Sie, wie Sie den Ausgleich einer eventuell noch bestehenden Restschuld auf dem Darlehenskonto vornehmen wollen.

Musterbrief: Kündigung eines Darlehens mit festem Zinssatz

Am … haben wir einen Darlehensvertrag (Nummer ...) über … Euro mit einem festen Zinssatz und einer Laufzeit von 15 Jahren abgeschlossen. Nach Ablauf von zehn Jahren kündige ich hiermit dieses Darlehen zum … [sechs Monate Kündigungsfrist].

Ich bitte Sie, den Restbetrag des Darlehens von meinem Konto ... einzuziehen. Hiermit erteile ich Ihnen die Erlaubnis für den Lastschrifteinzug von diesem Konto.

[Oder]

Den Restbetrag des Darlehens, den ich Ihnen nach der Kündigung noch schulde, habe ich Ihnen auf das Darlehenskonto überwiesen.

[Oder]

Bitte teilen Sie mir die Höhe der Restschuld mit. Den entsprechenden Betrag werde ich Ihnen dann unverzüglich auf das Darlehenskonto überweisen.

Schließlich bitte ich Sie, mir eine schriftliche Bestätigung meiner Kündigung zukommen zu lassen.

Einen Darlehensvertrag mit einem variablen Zinssatz kann der Darlehensnehmer jederzeit unter Einhaltung einer Kündigungsfrist von drei Monaten kündigen (§ 489 Abs. 2 BGB). Das Kündigungsrecht des Darlehensnehmers kann nicht durch Vertrag ausgeschlossen oder erschwert werden (§ 489 Abs. 4 BGB).

Checkliste: So kündigen Sie Darlehen mit variablem Zins richtig

- Kündigen Sie den Darlehensvertrag aus Beweisgründen schriftlich.
- Achten Sie auf die Kündigungsfrist.
- Der Zeitpunkt, auf den gekündigt wird, muss nicht unbedingt angegeben werden; es ist im Zweifel der nächst zulässige Termin.
- Erklären Sie, wie Sie den Ausgleich einer eventuell noch bestehenden Restschuld auf dem Darlehenskonto vornehmen wollen.

Musterbrief: Kündigung eines Darlehens mit variablem Zinssatz

Am ... haben wir einen Darlehensvertrag (Nummer ...) über ... Euro mit einem variablen Zinssatz abgeschlossen. Hiermit kündige ich dieses Darlehen zum ... [drei Monate Kündigungsfrist].

Ich bitte Sie, den Restbetrag des Darlehens von meinem Konto ... einzuziehen. Hiermit erteile ich Ihnen die Erlaubnis für den Lastschrifteinzug von diesem Konto.

[Oder]

Den Restbetrag des Darlehens, den ich Ihnen nach der Kündigung noch schulde, habe ich Ihnen auf das Darlehenskonto überwiesen.

[Oder]

Bitte teilen Sie mir die Höhe der Restschuld mit. Den entsprechenden Betrag werde ich Ihnen dann unverzüglich auf das Darlehenskonto überweisen.

Schließlich bitte ich Sie, mir eine schriftliche Bestätigung meiner Kündigung zukommen zu lassen.

WENN DIE BANK FÜR DIE VORZEITIGE RÜCKZAHLUNG DES IMMOBILIEN-DARLEHENS EINE VORFÄLLIGKEITS-ENTSCHÄDIGUNG VERLANGT

04

Kreditinstitute sind grundsätzlich nicht verpflichtet, Hypothekendarlehen vor Ablauf der Zinsbindung zurückzunehmen. Nur in begründeten Ausnahmen muss die Bank oder Sparkasse zustimmen, so z. B. wenn die Immobilie verkauft wird oder die Immobilie dazu dienen soll, ein zusätzliches Darlehen abzusichern und sich das bisherige Kreditinstitut weigert, einen Zusatzkredit zu gewähren. Wenn der Darlehensgeber in diesen Fällen vorzeitig ein Immobiliendarlehen zurücknimmt, lässt er sich das fürstlich mit der sogenannten Vorfälligkeitsentschädigung entlohnen. Auf diese Entschädigung hat das Kreditinstitut zwar grundsätzlich einen Anspruch (vgl. § 490 Abs. 2 Satz 3 BGB), nicht selten kassieren Banken und Sparkassen aber zu viel. Der Darlehensgeber darf nämlich die Entschädigung nicht nach eigenem Ermessen festlegen, sondern er muss sich an die vom Bundesgerichtshof aufgestellten Regeln halten.

Tipp
Weitere Informationen bietet der Ratgeber „Die Baufinanzierung" der Verbraucherzentralen (www.vz-ratgeber.de).

In der Regel wird es für den Kunden schwierig sein zu beurteilen, ob die vom Kreditinstitut berechnete Vorfälligkeitsentschädigung angemessen ist. Deshalb ist es sinnvoll, die Berechnung von einem unabhängigen Experten prüfen zu lassen. In jedem Fall ist die Bank oder Sparkasse zur Transparenz verpflichtet. Der Kunde muss die Berechnung der Ausfallforderung nachvollziehen können. Deshalb sollte er vom Kreditinstitut immer eine detaillierte Abrechnung verlangen.

Detaillierte Abrechnung

Checkliste: So reklamieren Sie die Abrechnung der Vorfälligkeitsentschädigung richtig

- Verlangen Sie vom Kreditinstitut eine detaillierte Abrechnung für die Vorfälligkeitsentschädigung.
- Weisen Sie darauf hin, welche Angaben aus der Berechnung mindestens hervorgehen sollten.
- Machen Sie das Kreditinstitut darauf aufmerksam, dass Sie die Berechnung von einem Experten überprüfen lassen wollen. Erklären Sie, dass Sie die Berechnung zunächst nur unter Vorbehalt akzeptieren.

Musterbrief: Abrechnung der Vorfälligkeitsentschädigung

Ich bitte Sie, mir eine detaillierte Abrechnung für die Vorfälligkeitsentschädigung für das Darlehen mit der Nummer ... über ... Euro zukommen zu lassen. Daraus sollten zumindest folgende Angaben hervorgehen:

- Wiederanlagezinsen: Quelle und Datum
- Höhe der ersparten Verwaltungskosten
- Höhe der ersparten Risikokosten
- Höhe eventueller Sondertilgungsrechte, die schadensmindernd berücksichtigt wurden

Ich beabsichtige, die Höhe der von Ihnen ermittelten Vorfälligkeitsentschädigung überprüfen zu lassen. Deshalb behalte ich mir vor, Ihre Berechnung nur unter Vorbehalt zu akzeptieren.

Widerrufsjoker

Ein Weg, die Vorfälligkeitsentschädigung zu umgehen, kann ein Widerruf des Vertrags sein. In der Vergangenheit haben viele Banken und Sparkassen fehlerhafte Widerrufsbelehrungen verwendet. Ist dies der Fall, begann die Widerrufsfrist nicht zu laufen, sodass der Widerruf immer noch möglich ist. Mithilfe des „Widerrufsjokers“ kann die Entschädigung vermieden werden. Im Vorfeld sollte jedoch anwaltliche Hilfe eingeholt werden.

Ist die Höhe der Vorfälligkeitsentschädigung strittig, sollte der Kunde die vom Kreditinstitut verlangte Entschädigung „unter Vorbehalt einer rechnerischen Überprüfung" zunächst zahlen. Dann ist gewährleistet, dass das Institut die Löschungsbewilligung aus dem Grundbuch ausstellt. Anschließend kann der Kunde die Berechnung der Bank oder Sparkasse kontrollieren lassen.

Tipp

Bei einer Zinsfestschreibung von über zehn Jahren kann der Kunde nach Ablauf von zehn Jahren das Darlehen mit sechsmonatiger Frist kündigen (vgl. Seite 138). In diesem Fall darf die Bank oder Sparkasse keine Vorfälligkeitsentschädigung in Rechnung stellen.

05 RICHTIG REKLAMIEREN GEGENÜBER VERSICHERUNGEN

Versicherungen stehen hoch im Kurs – schließlich will man sich vor den drohenden Gefahren des Lebens geschützt wissen. Was aber tun, wenn ein Schaden eingetreten ist oder sich das versicherte Risiko erhöht? Dann gilt es, die richtigen Schritte in die Wege zu leiten. Andernfalls steht der Versicherungsschutz auf dem Spiel.

WENN EIN SCHADENSFALL EINGETRETEN IST

In fast jedem Versicherungsverhältnis kommt es einmal zu einem Schaden, den die Versicherung bezahlen muss. Sobald der Versicherungsnehmer erfährt, dass der Versicherungsfall, also das Ereignis, mit dessen Eintritt die Leistungspflicht des Versicherers begründet ist, eingetreten ist, muss er dies dem Versicherer unverzüglich anzeigen (§ 30 Versicherungsvertragsgesetz – VVG –). Unverzüglich bedeutet „ohne schuldhaftes Zögern", also so schnell als möglich und nicht „bei Gelegenheit". Einzelne Versicherungssparten sehen hier konkrete Regelungen vor. So ist z. B. in der Privathaftpflichtversicherung ein Schadensfall innerhalb einer Woche anzuzeigen. Bei der Unfallversicherung muss der Unfall sofort und ein nach einem Unfall eingetretener Tod binnen 48 Stunden gemeldet werden.

Tipp
Weitere Informationen bieten die Ratgeber „Versicherungsschaden – Was tun?" und „Richtig versichert" der Verbraucherzentralen (www.vz-ratgeber.de).

05

Formvorschriften

Gesetzlich ist für die Anzeige des Versicherungsfalls keine bestimmte Form vorgeschrieben. Allerdings kann in den Versicherungsbedingungen Schrift- oder Textform festgelegt werden. Den Schaden näher spezifizieren muss der Versicherungsnehmer erst auf Verlangen des Versicherers. Dazu schickt dieser nach Eintreffen der Anzeige ein entsprechendes Formular zu.

Checkliste: So zeigen Sie den Schadensfall richtig an

- Gehen Sie auf Nummer sicher und zeigen Sie den Schadensfall schriftlich oder in Textform (z.B. per E-Mail) an.
- Dem Inhalt der Anzeige muss zu entnehmen sein, dass sich das versicherte Risiko verwirklicht hat, sodass eine Leistungspflicht des Versicherers begründet sein könnte.

Musterbrief: Anzeige eines Versicherungsschadens in der Hausratversicherung

In der Nacht vom ... auf den ... ist in meinem Haus ... [Bezeichnung des versicherten Objekts] eingebrochen worden. Es wurde ein Fenster zum Garten eingeschlagen und es wurden folgende Gegenstände gestohlen: ... [Aufzählung der gestohlenen Gegenstände]. Der Einbruchdiebstahl wurde von Beamten des ... [Bezeichnung des Polizeireviers] unter dem Aktenzeichen ... aufgenommen. Der Schaden beläuft sich auf voraussichtlich ... Euro.

Wegen des weiteren Vorgehens werde ich mich mit Ihnen noch telefonisch in Verbindung setzen.

Der Versicherungsnehmer verletzt seine Anzeigepflicht, wenn er den Versicherer überhaupt nicht, zu spät oder nicht zutreffend informiert, dass der Versicherungsfall eingetreten ist. Bei unterlassener Anzeige läuft der Versicherungsnehmer Gefahr, seinen Versicherungsschutz vollständig oder teilweise zu verlieren.

WENN SICH WÄHREND DES VERSICHERUNGSVERHÄLTNISSES DAS VERSICHERTE RISIKO ERHÖHT

Gefahrerhöhung

Der Versicherer schließt den Versicherungsvertrag nach einem Antrag des Versicherungsnehmers und entsprechend den dort gemachten Angaben ab. Dabei passt er insbesondere die Versicherungsprämie der angegebenen Gefahrenlage an. Das vom Versicherungsnehmer beim Vertragsabschluss geschilderte Risiko, dass der Schadensfall eintreten kann, ist Grundlage des Versicherungsvertrags. Deshalb darf der Versicherungsnehmer während der Vertragslaufzeit keine Gefahrerhöhung vornehmen, ohne den Versicherer darüber zu informieren. Eine Gefahrerhöhung ist gegeben, wenn aufgrund bestimmter Umstände der Versicherungsfall leichter eintreten kann bzw. wenn sich das Ausmaß des möglichen Schadens erhöht.

In der Hausratversicherung liegt eine Gefahrerhöhung vor, wenn am Haus im Rahmen von Renovierungsarbeiten ein Gerüst angebracht wird und sich damit die Gefahr eines Einbruchs erhöht.

Unverzügliche Anzeige

Wenn sich die Gefahrenlage und damit das Risiko des Versicherers, dass der Versicherungsfall eintritt, während der Vertragslaufzeit deutlich erhöht, muss dem Versicherer die Möglichkeit gegeben werden, sich vom Vertrag zu lösen oder die Prämie anzupassen. Erkennt der Versicherungsnehmer zu einem späteren Zeitpunkt, dass er eine Gefahrerhöhung unbewusst selbst vorgenommen oder die Gefahrerhöhung durch eine andere Person unbewusst gestattet hat, muss er dies dem Versicherer unverzüglich anzeigen (§ 23 VVG). Eine Gefahrerhöhung setzt allerdings voraus, dass sich die Risikolage für eine gewisse Dauer, also nicht nur momentan verändert hat. Wer nur einmal den Haustürschlüssel unter die Fußmatte legt, erhöht nicht die Gefahrenlage in der Hausratversicherung, wohl aber, wenn er den Schlüssel dauernd dort verwahrt.

Checkliste: So zeigen Sie die Gefahrerhöhung richtig an

- Zeigen Sie Ihrer Versicherung die Gefahrerhöhung schriftlich an.
- Beschreiben Sie konkret, wie sich die Gefahrenlage verändert hat.
- Bitten Sie um schriftliche Bestätigung Ihrer Anzeige.

Musterbrief: Anzeige einer Gefahrerhöhung

Seit dem ... habe ich bei Ihnen eine Hausratversicherung abgeschlossen. Hiermit zeige ich Ihnen folgende Gefahrerhöhung an: ... [konkrete Beschreibung der veränderten Gefahrenlage, z.B. Anbringung eines Baugerüstes zur Sanierung der Fassade].

Ich bitte Sie, mir den Eingang dieser Anzeige zu bestätigen.

WENN DER VERSICHERUNGSNEHMER DAS VERSICHERUNGSVERHÄLTNIS BEENDEN WILL

Nicht selten kommt es vor, dass Versicherungsverträge unüberlegt oder übereilt abgeschlossen werden und die Unterschrift reut. Aber auch nach einer gewissen Laufzeit der Police kann aus verschiedenen Gründen die Beendigung des Versicherungsverhältnisses gewünscht werden. Für beide Fälle gibt es rechtliche Möglichkeiten, sich vom Vertrag zu lösen.

WIDERRUF DES VERSICHERUNGSVERTRAGS

Voraussetzungen

Wer an einem vielleicht übereilten Versicherungsantrag nicht mehr festhalten will, kann seine Erklärung unter folgenden Voraussetzungen noch widerrufen (§ 8 VVG):

- Es muss sich um einen Versicherungsvertrag mit einer längeren Laufzeit als einen Monat handeln.
- Der Versicherer darf nicht durch vorläufige Deckung sofortigen Versicherungsschutz gewähren.
- Der Versicherungsnehmer darf noch keine Versicherungsleistungen bezogen haben.

Die Widerrufsfrist beträgt 14 Tage. Sie beginnt zu dem Zeitpunkt, an dem der Versicherungsnehmer alle Unterlagen erhalten hat. Dazu gehören Versicherungsschein, Vertragsbedingungen, Produktinformationsblatt und die Belehrung über das Widerrufsrecht. Bei einer Renten- oder Lebensversicherung hat der Versicherungsnehmer für den Widerruf 30 Tage Zeit (§ 152 Abs. 1 VVG).

Im Falle des Widerrufs wird der Versicherungsvertrag rückabgewickelt (§ 9 VVG). Das heißt, die Prämien, die bereits für die Zeit nach dem Zugang des Widerrufs gezahlt wurden, hat der Versicherer innerhalb von 30 Tagen zurückzuerstatten. Hingegen verbleiben die Prämien für die Zeit bis zum Zugang des Widerrufs beim Versicherer.

Checkliste: So widerrufen Sie den Versicherungsvertrag richtig

- Erklären Sie den Widerruf schriftlich. Übersenden Sie das Schreiben aus Beweisgründen per Einschreiben mit Rückschein.
- Bringen Sie in der Widerrufserklärung eindeutig und zweifelsfrei zum Ausdruck, dass Sie den abgeschlossenen Versicherungsvertrag widerrufen. Den Widerruf müssen Sie nicht begründen.
- Verlangen Sie die Rückzahlung des überschüssigen Teils einer bereits gezahlten Versicherungsprämie.
- Achten Sie auf die Widerrufsfrist. Ausreichend ist es, wenn der Widerruf innerhalb der Frist abgeschickt wird.

Musterbrief: Widerruf bei ordnungsgemäßer Widerrufsbelehrung

Hiermit widerrufe ich meine Willenserklärung auf Abschluss des Versicherungsvertrags mit der Nummer … zur …-versicherung [Bezeichnung der Versicherung].

Bitte erstatten Sie mir bis spätestens … den überschüssigen Teil der von mir im Voraus gezahlten Versicherungsprämie auf mein Konto …

Ich bitte Sie, mir den Widerruf schriftlich zu bestätigen.

„Ewiges Widerrufsrecht"

Sind dem Versicherungsnehmer die Informationen (vgl. oben) nicht oder nur unvollständig oder fehlerhaft zugegangen oder wurde der Versicherungsnehmer nicht oder nur fehlerhaft über sein Widerrufsrecht belehrt, besteht ein „ewiges" Widerrufsrecht. Der Versicherungsnehmer kann den Versicherungsvertrag in diesem Fall immer widerrufen. Macht der Versicherungsnehmer nach mehreren Jahren von seinem Widerrufsrecht Gebrauch, darf der Versicherer alle Beiträge bis zum Widerruf behalten. Nur die Prämien für das erste Versicherungsjahr muss er erstatten, es sei denn, der Versicherungsnehmer hat Leistungen aus dem Versicherungsvertrag in Anspruch genommen.

Checkliste: So widerrufen Sie den Versicherungsvertrag bei Verletzung der Informationspflichten richtig

- Erklären Sie den Widerruf schriftlich. Übersenden Sie das Schreiben aus Beweisgründen per Einschreiben mit Rückschein.
- Begründen Sie, warum die Widerrufsfrist noch nicht zu laufen begonnen hat.
- Bringen Sie in der Widerrufserklärung eindeutig und zweifelsfrei zum Ausdruck, dass Sie den abgeschlossenen Versicherungsvertrag widerrufen. Den Widerruf müssen Sie nicht begründen.
- Verlangen Sie die Rückzahlung der Prämie für das erste Versicherungsjahr, wenn Sie noch keine Leistungen der Versicherung in Anspruch genommen haben.

Musterbrief: Widerruf bei fehlenden Informationen bzw. nicht ordnungsgemäßer Widerrufsbelehrung

Hiermit widerrufe ich meine Willenserklärung auf Abschluss des Versicherungsvertrags mit der Nummer … zur …-versicherung [Bezeichnung der Versicherung].

Der Widerruf ist noch möglich, weil die Widerrufsfrist wegen nicht ordnungsgemäßer Widerrufsbelehrung [bzw. wegen nicht ordnungsgemäßer oder unkorrekter Informationen] noch nicht zu laufen begonnen hat.

Ich bitte Sie, mir den Widerruf schriftlich zu bestätigen.

Bitte erstatten Sie mir bis spätestens ... die Prämie für das erste Versicherungsjahr auf mein Konto ...

05

ORDENTLICHE KÜNDIGUNG EINES SACH- UND HAFTPFLICHTVERSICHERUNGSVERTRAGS

Sowohl der Versicherungsnehmer als auch der Versicherer haben zum Ende der Laufzeit die Möglichkeit, den Versicherungsvertrag ordentlich durch Kündigung zu beenden. Kundenfreundliche Versicherungen schließen mit ihren Versicherten grundsätzlich nur Jahresverträge ab, die sich, wenn sie nicht gekündigt werden, jeweils automatisch um ein Jahr verlängern.

Kündigungsfrist

Bei der ordentlichen Kündigung wird der Vertrag zum Ablauf gekündigt. Die Kündigung muss nicht begründet werden. Die Kündigungsfristen unterscheiden sich je nach Vertragslaufzeit und sind in den allgemeinen Versicherungsbedingungen des jeweiligen Vertrags zu finden. Vielfach betragen sie drei Monate zum Ende des Versicherungsjahrs. Dabei ist das Versicherungsjahr meist nicht mit dem Kalenderjahr gleichzusetzen. Es beginnt vielmehr jeweils mit dem Tag des Laufzeitbeginns der Police und endet ein Jahr später.

Checkliste: So kündigen Sie den Versicherungsvertrag ordentlich

- Kündigen Sie schriftlich. Übersenden Sie das Kündigungsschreiben aus Beweisgründen per Einschreiben mit Rückschein.
- Einen Kündigungsgrund brauchen Sie nicht anzugeben.
- Achten Sie auf die im Versicherungsvertrag vereinbarte Kündigungsfrist.
- Die Kündigung muss innerhalb der Kündigungsfrist beim Versicherer eingehen. Es reicht nicht aus, dass Sie die Kündigung nur fristgerecht abschicken.

Musterbrief: Ordentliche Kündigung des Sach- oder Haftpflichtversicherungsvertrags

Hiermit kündige ich fristgemäß meine Versicherung für ... [Bezeichnung der Versicherung] zum ... Gleichzeitig erlischt die Einzugsermächtigung für die Abbuchung der Versicherungsbeiträge von meinem Konto.

Ich bitte Sie, mir die Kündigung schriftlich zu bestätigen.

Bindung von drei Jahren

Kundenunfreundliche Versicherungen versuchen, ihre Vertragsnehmer durch langfristige Verträge zu binden. Dem wurde allerdings gesetzlich ein Riegel vorgeschoben. Für alle seit dem 1. Januar 2008 neu abgeschlossenen Versicherungsverträge gilt, dass sie maximal für drei Jahre bindend abgeschlossen werden können, und zwar unabhängig davon, ob sie für einen längeren Zeitraum (z. B. fünf oder zehn Jahre) geschlossen wurden. Solche Verträge können also fristgerecht zum Schluss des dritten oder jedes darauf folgenden Jahres unter Einhaltung einer Frist von drei Monaten gekündigt werden (§ 11 Abs. 4 VVG).

Checkliste: So kündigen Sie langfristige Versicherungsverträge richtig

- Kündigen Sie schriftlich. Übersenden Sie das Kündigungsschreiben aus Beweisgründen per Einschreiben mit Rückschein.
- Verweisen Sie in der Kündigung darauf, dass Sie den Vertrag kündigen dürfen, obgleich er für die Dauer von mehr als drei Jahren geschlossen wurde.
- Achten Sie auf die im Versicherungsvertrag vereinbarte Kündigungsfrist.
- Die Kündigung muss innerhalb der Kündigungsfrist beim Versicherer eingehen. Es reicht nicht aus, dass Sie die Kündigung nur fristgerecht abschicken.

05

Musterbrief: Ordentliche Kündigung eines längerfristigen Sach- oder Haftpflichtversicherungsvertrags

Am ... haben wir eine ...-versicherung [Bezeichnung der Versicherung] mit einer Laufzeit von fünf Jahren abgeschlossen. Nach dem Versicherungsvertragsgesetz kann der Vertrag allerdings höchstens mit einer festen Laufzeit von drei Jahren abgeschlossen werden. Andernfalls ist er nach drei Jahren kündbar. Von diesem Recht mache ich hiermit Gebrauch und kündige den Vertrag zum Ende des Versicherungsjahres. Gleichzeitig erlischt die Einzugsermächtigung für die Abbuchung der Versicherungsbeiträge von meinem Konto.

Ich bitte Sie, mir die Kündigung schriftlich zu bestätigen.

Außerordentliche Kündigung eines Sach- und Haftpflichtversicherungsvertrags

Neben der ordentlichen Kündigung hat der Kunde die Möglichkeit, unter bestimmten Voraussetzungen den Versicherungsvertrag außerordentlich zu kündigen. Insbesondere kommt eine außerordentliche Kündigung bei einer Beitragserhöhung und nach einem Schadensfall in Betracht.

Prämienerhöhung

Erhöht der Versicherer aufgrund einer Anpassungsklausel die Prämie, ohne dass sich der Umfang des Versicherungsschutzes ändert, kann der Versicherungsnehmer den Vertrag außerordentlich kündigen. Dies gilt auch bei einem zwar unveränderten Beitrag, aber reduziertem Versicherungsschutz. Der Versicherungsnehmer muss den Vertrag innerhalb eines Monats kündigen, nachdem ihm die Prämienerhöhung bzw. die Herabsetzung des Versicherungsschutzes mitgeteilt wurde. Die Kündigung kann mit sofortiger Wirkung ausgesprochen werden, frühestens aber zu dem Zeitpunkt, ab dem die Prämie erhöht bzw. der Versicherungsschutz reduziert wird (§ 40 VVG).

Eine Sonderregelung gilt für die Hausratversicherung. Wenn der Versicherer die Versicherungssumme an gestiegene Lebenshaltungskosten anpasst und damit den Beitrag erhöht, kann der Versicherungsnehmer zwar nicht kündigen, aber Widerspruch einlegen. Er zahlt dann weiterhin den alten Versicherungsbeitrag, riskiert allerdings eine Unterversicherung. Im Schadensfall wird er dann nicht vollständig entschädigt – und zwar unabhängig von der Höhe des Schadens.

Checkliste: So kündigen Sie nach einer Prämienerhöhung richtig

- Kündigen Sie schriftlich. Übersenden Sie das Kündigungsschreiben aus Beweisgründen per Einschreiben mit Rückschein.
- Geben Sie als Kündigungsgrund die vorgesehene Prämienerhöhung an.
- Achten Sie auf die Kündigungsfrist (vgl. oben).
- Die Kündigung muss innerhalb der Kündigungsfrist beim Versicherer eingehen. Es reicht nicht aus, dass Sie die Kündigung nur fristgerecht abschicken.

Musterbrief: Außerordentliche Kündigung wegen Prämienerhöhung

Mit Schreiben vom … teilten Sie mir mit, dass ab dem … für den Versicherungsschutz ein erhöhter Beitrag zu zahlen ist. Ich mache hiermit von meinem Sonderkündigungsrecht Gebrauch und kündige den Vertrag zum … Gleichzeitig erlischt die Einzugsermächtigung für die Abbuchung der Versicherungsbeiträge von meinem Konto.

Ich bitte Sie, mir die Kündigung schriftlich zu bestätigen.

Tritt der Versicherungsfall ein, kann der Versicherungsnehmer (ebenso aber auch der Versicherer) das Versicherungsverhältnis kündigen (§ 92 VVG). Die Kündigung ist nur innerhalb eines Monats nach Abschluss der Entschädigungsverhandlungen zulässig. Der Versicherungsnehmer kann mit sofortiger Wirkung oder zum Schluss des Versicherungsjahres kündigen. Erfolgt die Kündigung mit sofortiger Wirkung, muss nur der

Teil der Prämie entrichtet werden, der auf den Versicherungszeitraum entfällt.

Checkliste: So kündigen Sie nach Eintreten des Versicherungsfalls richtig

- Kündigen Sie schriftlich. Übersenden Sie das Kündigungsschreiben aus Beweisgründen per Einschreiben mit Rückschein.
- Geben Sie als Kündigungsgrund an, dass der Versicherungsfall eingetreten ist.
- Achten Sie auf die Kündigungsfrist (vgl. oben).
- Die Kündigung muss innerhalb der Kündigungsfrist beim Versicherer eingehen. Es reicht nicht aus, dass Sie die Kündigung nur fristgerecht abschicken.

Musterbrief: Außerordentliche Kündigung im Schadensfall

Nach Eintritt des Versicherungsfalls mache ich von meinem Sonderkündigungsrecht Gebrauch und kündige den Versicherungsvertrag mit der Nummer ... mit sofortiger Wirkung [oder Datum: zum ...]. Gleichzeitig erlischt die Einzugsermächtigung für die Abbuchung der Versicherungsbeiträge von meinem Konto.

Ich bitte Sie, mir die Kündigung schriftlich zu bestätigen.

06 RICHTIG REKLAMIEREN GEGENÜBER INTERNET- UND TELEKOMMUNIKATIONS-UNTERNEHMEN

Was tun, wenn man auf einen Internetabzocker hereingefallen ist? Wie wehrt man sich gegen eine zu hohe Telefonrechnung? Was tun, wenn der Wechsel zu einem anderen Telefonanbieter nicht reibungslos funktioniert? Wie können Sonderrufnummern oder Drittanbieter gesperrt werden? Wie Sie diese und andere Rechte gegenüber Internet- und Telekommunikationsunternehmen durchsetzen, erfahren Sie in diesem Kapitel.

WENN DER KUNDE AUF EINEN INTERNETABZOCKER HEREINGEFALLEN IST

Immer wieder tappen Verbraucher in Abo- und andere Vertragsfallen im Internet. Beim Surfen landen sie auf Seiten, die ihnen „kostenlos" und „gratis" allerlei versprechen. Geködert wird mit Routenplanern, Rezeptvorschlägen, Gewinnspiel-Anmeldungen usw. Tatsächlich gibt es aber nichts kostenlos. Einziges Ziel ist es, dem Nutzer das Geld aus der Tasche zu ziehen. Wenn dieser nämlich Name, Anschrift und Geburtsdatum eingetragen hat, ist er den Betreibern der Seite bereits auf den Leim gegangen. Diese haben dann seine persönlichen Daten und schicken ihm eine Rechnung.

Tipp
Weitere Informationen bietet der Ratgeber „Vorsicht: Abzocke!" der Verbraucherzentralen (www.vz-ratgeber.de).

06

Seit dem 1. August 2012 wird der Verbraucher vor solchen Internetfallen besser geschützt (§ 312g BGB). Seither muss nämlich eine Schaltfläche – ein sogenannter Button – auf die Zahlungspflicht hinweisen. Die Schaltfläche muss unmissverständlich klar machen, dass man jetzt etwas kauft. Formulierungen wie „zahlungspflichtig bestellen" oder ähnliche Hinweise müssen auf dem Button stehen. Begriffe wie „anmelden", „bestellen" oder „weiter" reichen nicht. Beschriftet der Unternehmer den Button falsch, kommt kein wirksamer Vertrag zustande.

Informationspflichten

Direkt bevor die Bestellung aufgegeben wird, muss der Verbraucher darüber informiert werden, was er genau kauft, wie lange der Vertrag läuft und was ihn das Ganze insgesamt kosten wird. Diese Informationen haben unmittelbar vor dem Button zu stehen. Die Beweislast liegt beim Anbieter.

Wer mit einer unberechtigten Forderung des Anbieters konfrontiert wird, sollte diese in keinem Fall zahlen. Verbraucher sollten der Forderung widersprechen und sich nicht von Mahnungen und Inkassoschreiben des Anbieters unter Druck setzen lassen. Handlungsbedarf besteht erst, wenn ein gerichtlicher Mahnbescheid vorliegt, gegen den dann innerhalb von 14 Tagen Einspruch erhoben werden muss (vgl. dazu Seite 216 ff.).

Checkliste: So widersprechen Sie unberechtigten Forderungen richtig

- Widersprechen Sie der Forderung per Brief. Übersenden Sie diesen per Einschreiben mit Rückschein.
- Bestreiten Sie, dass ein Vertrag zustande gekommen ist, weil die Gestaltung der Internetseite nicht den gesetzlichen Voraussetzungen für Vertragsschlüsse im elektronischen Geschäftsverkehr entsprach.
- Erklären Sie vorsorglich den Widerruf des angeblich geschlossenen Vertrags nach den Vorschriften für Fernabsatzgeschäfte (vgl. dazu Seite 22 ff.).
- Fechten Sie hilfsweise den Vertrag wegen arglistiger Täuschung an.

Musterbrief: Abwehr einer unberechtigten Forderung für eine Internet-Serviceleistung

Mit Schreiben vom ... stellen Sie mir ... Euro für die angebliche Inanspruchnahme einer Internet-Serviceleistung in Rechnung. Ich bestreite hiermit, dass ich einen entsprechenden kostenpflichtigen Vertrag mit Ihnen abgeschlossen habe. Deshalb werde ich die Rechnung nicht zahlen.

Es obliegt Ihnen den Nachweis zu erbringen, wann, wie und zu welchen Bedingungen es zu einem Vertragsschluss gekommen sein soll. Ich bestreite, dass der Abschluss eines kostenpflichtigen Vertrags auf der betroffenen Internetseite überhaupt hinreichend kenntlich gemacht war. Wären mir nämlich diese Umstände bekannt gewesen, hätte ich keine Bestellung getätigt. Gesetzlich obliegt Ihnen die Beweislast, dass Sie mir unmittelbar vor der Abgabe meiner angeblichen Bestellung klar und verständlich in hervorgehobener Weise Informationen über die wesentlichen Merkmale der Ware/der Dienstleistung, die Mindestlaufzeit des Vertrags und den Gesamtpreis der Ware/der Dienstleistung aller damit verbundenen Preisbestandteile zur Verfügung gestellt haben. Ferner haben Sie zu beweisen, dass sich aus der Beschriftung der Schaltfläche zur Abgabe der Bestellung eindeutig ergeben hat, dass es sich um einen kostenpflichtigen Vertrag handelt. Insoweit gehe ich davon aus, dass ein Vertrag nach § 312g Abs. 4 BGB nicht zustande gekommen ist.

Hilfsweise widerrufe ich hiermit den angeblich abgeschlossenen Vertrag nach den Vorschriften über Fernabsatzgeschäfte, ferner fechte ich den Vertrag wegen arglistiger Täuschung nach § 123 BGB an.

Weil es sich im vorliegenden Fall um eine bestrittene Forderung handelt, sind Sie nach § 28a Abs. 1 Nr. 4d Bundesdatenschutzgesetz nicht berechtigt, die Daten an Auskunfteien zu übermitteln. Bei Zuwiderhandlungen werde ich entsprechende rechtliche Schritte gegen Sie einleiten.

06

Beschränkte Geschäftsfähigkeit

Häufig sind Kinder und Jugendliche die Adressaten von Internetabzockern. Allerdings werden diese vom Gesetz besonders geschützt. Wer das siebte Lebensjahr noch nicht vollendet hat, ist geschäftsunfähig. Er kann unter keinen Umständen einen wirksamen Vertrag abschließen (§§ 104 Nr. 1, 105 BGB). Vom 7. bis zum vollendeten 18. Lebensjahr sind Minderjährige beschränkt geschäftsfähig. In diesem Fall können Minderjährige nur wirksam einen Vertrag schließen, wenn es sich um ein Geschäft handelt, das für den Minderjährigen lediglich rechtliche Vorteile mit sich bringt (§ 107) oder bei dem er die vertragsgemäße Leistung mit seinem Taschengeld bewirkt (§ 110 BGB). In allen anderen Fällen bedürfen Minderjährige für den Abschluss eines Vertrags der Zustimmung ihrer Eltern. Wird diese Zustimmung nicht erteilt, ist der Vertrag von Anfang an unwirksam. Es besteht dann weder mit dem Minderjährigen noch mit den Eltern ein wirksamer Vertrag.

Checkliste: So widersprechen Sie der unberechtigten Forderung gegenüber einem Minderjährigen richtig

- Widersprechen Sie der Forderung per Brief. Übersenden Sie diesen per Einschreiben mit Rückschein.
- Weisen Sie darauf hin, dass Ihr Kind minderjährig ist und Sie dem Vertragsschluss weder zugestimmt haben noch ihn nachträglich genehmigen werden.
- Bestreiten Sie darüber hinaus, dass ein Vertrag zustande gekommen ist, weil die Gestaltung der Internetseite nicht den gesetzlichen Voraussetzungen für Vertragsschlüsse im elektronischen Geschäftsverkehr entsprach.
- Erklären Sie vorsorglich den Widerruf des angeblich geschlossenen Vertrags nach den Vorschriften für Fernabsatzgeschäfte (vgl. dazu Seite 22 ff.).
- Fechten Sie hilfsweise den Vertrag wegen arglistiger Täuschung an.

Musterbrief: Abwehr einer unberechtigten Forderung gegenüber einem Minderjährigen

Mit Schreiben vom ... stellen Sie mir ... Euro für die angebliche Inanspruchnahme einer Internet-Serviceleistung durch meinen Sohn ... [Name]/meine Tochter ... [Name] in Rechnung. Ich bestreite hiermit, dass mein Sohn/meine Tochter einen entsprechenden kostenpflichtigen Vertrag mit Ihnen abgeschlossen hat. Deshalb werde ich die Rechnung nicht zahlen.

Ich mache Sie darauf aufmerksam, dass mein Sohn/meine Tochter, der/die die Anmeldung auf Ihrer Internetseite durchgeführt haben soll, noch minderjährig ist. In den von Ihnen behaupteten Vertragsschluss habe ich nicht eingewilligt. Ich werde auch nachträglich keine Zustimmung erteilen. Die gesetzlichen Regelungen über mit Taschengeld bestrittene Verträge finden hier keine Anwendung. Damit ist der von Ihnen behauptete Vertrag nicht zustande gekommen.

Ich bestreite auch, dass der Abschluss eines kostenpflichtigen Vertrags überhaupt hinreichend erkennbar war. Gesetzlich obliegt Ihnen der Nachweis, dass die Gestaltung der Internetseite den Anforderungen für wirksame Vertragsschlüsse im elektronischen Geschäftsverkehr nach §§ 312g Abs. 2 und 3 BGB entsprach. Deshalb gehe ich davon aus, dass der Vertrag nach § 312g Abs. 4 BGB nicht zustande gekommen ist.

Hilfsweise widerrufe ich hiermit den angeblich abgeschlossenen Vertrag nach den Vorschriften über Fernabsatzgeschäfte, ferner fechte ich den Vertrag wegen arglistiger Täuschung nach § 123 BGB an.

Weil es sich im vorliegenden Fall um eine bestrittene Forderung handelt, sind Sie nach § 28a Abs. 1 Nr. 4d Bundesdatenschutzgesetz nicht berechtigt, die Daten an Auskunfteien zu übermitteln. Bei Zuwiderhandlungen werde ich entsprechende rechtliche Schritte gegen Sie einleiten.

WENN DIE TELEFONRECHNUNG NICHT STIMMT

Kunden sollten vom Anbieter in Rechnung gestellte Telefonentgelte unbedingt überprüfen. Auch wenn der Kunde mehrere Telefonanbieter nutzt, bekommt er meist nur eine Rechnung. In dieser Gesamtrechnung sind insbesondere aufzuführen (§ 45h Abs. 1 Telekommunikationsgesetz – TKG):

- die konkrete Bezeichnung der in Rechnung gestellten Leistungen;
- die Gesamthöhe der Entgelte, die auf den einzelnen Anbieter entfallen;
- die einzelnen Anbieter mit Namen, ladungsfähiger Anschrift und kostenfreier Servicenummer;
- der Hinweis, dass der Kunde gegen die einzeln in Rechnung gestellten Forderungen begründete Einwendungen erheben kann.

Tipp

Weitere Informationen bietet der Ratgeber „Ärger mit Handy, Internet oder Telefon" der Verbraucherzentralen (www.vz-ratgeber.de).

Nach der Beanstandung ist der Anbieter verpflichtet, das in Rechnung gestellte Verbindungsaufkommen nach den einzelnen Verbindungsdaten (Zielrufnummer, Datum, Beginn und Dauer der Verbindung) aufzuschlüsseln (Entgeltnachweis) und eine technische Prüfung durchzuführen. Der Anbieter muss nachweisen, dass er seine Dienste technisch fehlerfrei bis zum Übergabepunkt erbracht hat. Zeigen sich bei der Prüfung technische Mängel, die sich bei der Berechnung des beanstandeten Entgelts zu Lasten des Kunden ausgewirkt haben könnten, wird vermutet, dass das berechnete Verbindungsaufkommen nicht korrekt ermittelt wurde. Dies gilt auch, wenn die technische Prüfung erst über zwei Monate nach der Beanstandung abgeschlossen wird (§ 45i Abs. 3 TKG).

Checkliste: So beanstanden Sie die Telefonrechnung richtig

- Erheben Sie Ihre Einwendungen schriftlich. Aus Beweisgründen wird empfohlen, die Einwände per Einschreiben mit Rückschein zu erheben oder sich zumindest die Beanstandung in Textform bestätigen zu lassen.
- Verlangen Sie die Vorlage eines Entgeltnachweises und das Ergebnis der technischen Überprüfung. Pauschale Einwendungen gegen die Rechnung z.B. „sowohl der Höhe als auch dem Grunde nach" genügen nicht.
- Begründen Sie Ihre Beanstandung; damit vermeiden Sie eine Sperre Ihres Anschlusses (§ 45k Abs. 2 TKG).
- Für die Beanstandung haben Sie nach deren Zusendung acht Wochen Zeit (§ 45i Abs. 1 TKG). Diese Frist kann nicht durch Allgemeine Geschäftsbedingungen verkürzt werden.
- Weisen Sie den Anbieter darauf hin, dass Sie den Rechnungsbetrag um das strittige Entgelt gekürzt haben und den neu errechneten Betrag überweisen werden.

Musterbrief: Beanstandung der Telefonrechnung

Die mir in der Telefonrechnung vom ... in Rechnung gestellten Entgelte sind für mich zum Teil nicht nachvollziehbar. Es handelt sich dabei um folgende Entgelte ... [genaue Bezeichnung der berechneten Leistung oder Verbindung]. Hiermit erhebe ich Einwendungen gegen diesen Rechnungsbetrag, da ich die Forderung nicht für berechtigt halte, weil ... [konkrete Begründung, warum die Forderung unberechtigt ist].

Ich fordere Sie auf, mir unverzüglich einen Entgeltnachweis sowie die Dokumentation der technischen Überprüfung vorzulegen.

Ihre Rechnung habe ich um den streitigen Betrag gekürzt. Die Überweisung des neu errechneten Betrags in Höhe von ... Euro werde ich unverzüglich veranlassen [wenn keine Lastschrift erteilt wurde].

[Oder]

Dem Einzug des Rechnungsbetrags per Lastschrift habe ich bei meiner Bank widersprochen. Die Überweisung des neu errechneten Betrags in Höhe von ... Euro werde ich unverzüglich veranlassen [wenn eine Einzugsermächtigung erteilt wurde].

[Oder]

Den streitigen Rechnungsbetrag zahle ich ausdrücklich nur unter Vorbehalt und ohne Anerkennung einer Rechtspflicht [wenn eine Einzugsermächtigung erteilt wurde und bei kleinen Beträgen Rücklastschriftgebühren vermieden werden sollen].

Vorsorglich weise ich darauf hin, dass die vorgebrachten Einwendungen begründet sind im Sinne des § 45k Abs. 2 TKG und eine Sperre daher nicht berechtigt ist.

Ihre Antwort auf meine Beanstandung erwarte ich bis spätestens ...

Reklamation beim Drittanbieter

Einwendungen gegen bestimmte Rechnungsposten sind gegenüber dem Anbieter zu erheben, dessen Forderung reklamiert wird. Wird nur der Rechnungsposten eines Drittanbieters (z.B. bei der Reklamation von Call-by-Call-Entgelten) reklamiert, muss die Einwendung diesem gegenüber (also z.B. gegenüber dem Call-by-Call-Anbieter) geltend gemacht werden. Zugleich sollte der Anbieter, der die Gesamtrechnung gestellt hat, mit folgendem Brief informiert werden:

Musterbrief: Information des Rechnungsstellers über Kürzung eines Rechnungspostens eines Drittanbieters

Das mir in der Telefonrechnung vom ... in Rechnung gestellte Entgelt des Anbieters [Name des Drittanbieters] für ... [Bezeichnung der berechneten Leistung] in Höhe von ... Euro habe ich diesem gegenüber mit Schreiben vom ... beanstandet, weil ich es für unberechtigt halte. Eine Kopie dieses Schreibens liegt diesem Brief bei.

Ihre Rechnung habe ich um den streitigen Betrag gekürzt. Die Überweisung des neu errechneten Betrags in Höhe von ... Euro werde ich unverzüglich veranlassen [wenn keine Lastschrift erteilt wurde].

[Oder]

Dem Einzug des Rechnungsbetrags per Lastschrift habe ich bei meiner Bank widersprochen. Die Überweisung des neu errechneten Betrags in Höhe von … Euro werde ich unverzüglich veranlassen [wenn eine Einzugsermächtigung erteilt wurde].

Vorsorglich weise ich darauf hin, dass die vorgebrachten Einwendungen begründet sind im Sinne des § 45k Abs. 2 TKG und eine Sperre daher nicht berechtigt ist. Die Gründe für die Beanstandung entnehmen Sie bitte dem beiliegenden Beanstandungsschreiben.

WENN DER TELEFON- BZW. INTERNETANSCHLUSS NICHT RECHTZEITIG GESCHALTET WIRD

Mahnung erforderlich

Wird der Telefon- bzw. Internetanschluss vom Anbieter nicht zum vereinbarten Termin geschaltet, dann kommt dieser nach einer Mahnung in Schuldnerverzug (§ 286 BGB). Nur ausnahmsweise kommt der Anbieter auch ohne Mahnung in Verzug, so insbesondere wenn ein nach dem Kalender bestimmbarer Leistungstermin vereinbart wurde (z.B. „Durchführung der Arbeiten am ..." oder „Arbeitsbeginn in der … Kalenderwoche").

Will der Kunde vom Vertrag zurücktreten, muss er dem Anbieter grundsätzlich eine zweite Chance einräumen, die Leistung vertragsgemäß zu erbringen. Das Gesetz verlangt, dass dem Anbieter eine angemessene Nachfrist zu setzen ist (§ 323 Abs. 1 BGB). Ist die Frist zu kurz, dann ist sie nicht unwirksam; sie setzt vielmehr eine angemessene Frist in Gang.

Nur ausnahmsweise ist eine Nachfrist entbehrlich, so z.B., wenn der Anbieter die Leistung ernsthaft und endgültig verweigert hat (§ 323 Abs. 2 Nr. 1 BGB).

Checkliste: So mahnen Sie die Einhaltung der Nachfrist richtig an

- Mahnen Sie den Anbieter schriftlich. Übersenden Sie den Brief aus Beweisgründen per Einschreiben mit Rückschein.
- Setzen Sie dem Anbieter eine angemessene Frist, innerhalb derer Sie den Anschluss endgültig erwarten.
- Weisen Sie den Anbieter darauf hin, dass Sie nach Ablauf der Frist vom Vertrag zurücktreten werden.
- Behalten Sie sich vor, Schadenersatzansprüche geltend zu machen.

Musterbrief: Mahnschreiben mit Nachfristsetzung

Am ... habe ich bei Ihnen einen Festnetz-/DSL-Anschluss in Auftrag gegeben. Den Auftrag haben Sie am ... bestätigt. Bis heute haben Sie mir allerdings noch keinen Termin für die Schaltung des Anschlusses mitgeteilt.

[Oder]

[wenn der Anschlusstermin bereits mitgeteilt wurde]: Am ... habe ich bei Ihnen einen Festnetz-/DSL-Anschluss in Auftrag gegeben. Mit Schreiben vom ... haben Sie mitgeteilt, dass der Anschluss am ... hergestellt werde. Leider ist dieser Termin erfolglos verstrichen, da ... [ggf. Grund angeben, z.B. da der Techniker nicht erschienen ist].

Ich bin nicht länger bereit, auf den Anschluss zu warten. Deshalb fordere ich Sie hiermit auf, den Anschluss schnellstmöglich, spätestens jedoch bis zum ... freizuschalten.

Bei fruchtlosem Ablauf dieser Frist werde ich ohne weitere Fristsetzung vom Vertrag zurücktreten. Ferner behalte ich mir vor, Schadenersatzansprüche geltend zu machen.

Wenn die Nachfrist erfolglos abgelaufen ist, kann der Kunde vom Vertrag zurücktreten. Entgelte wie die monatliche Grundgebühr muss der Kunde nicht entrichten.

Checkliste: So erklären Sie den Rücktritt richtig

- Erklären Sie den Rücktritt schriftlich. Übersenden Sie den Brief per Einschreiben mit Rückschein.
- Weisen Sie den Anbieter darauf hin, dass er weder auf Ihre Mahnung noch auf die Nachfristsetzung hin seiner Anschlusspflicht nachgekommen ist.
- Behalten Sie sich ausdrücklich vor, Schadenersatzansprüche wegen Nichterfüllung geltend zu machen.

Musterbrief: Rücktritt vom Vertrag

Mit Schreiben vom ... habe ich Ihnen eine letzte Frist für die Bereitstellung meines Festnetz-/DSL-Anschlusses gesetzt. Leider ist diese Frist mittlerweile fruchtlos verstrichen.

Ich trete hiermit vom Vertrag zurück und behalte mir vor, Schadenersatzansprüche gegen Sie geltend zu machen.

WENN DER KUNDE SONDERRUFNUMMERN ODER DRITTANBIETER SPERREN LASSEN MÖCHTE

Kostenfreie Sperre

Inhaber eines Festnetzanschlusses und Mobilfunkkunden können bei ihrem Anbieter eine Sperre für bestimmte Rufnummernbereiche (z.B. von 0900er-Rufnummern) einrichten lassen, soweit dies technisch möglich ist (§ 45d Abs. 2 TKG). Sinnvoll ist die Einrichtung einer Rufnummernsperre insbesondere dann, wenn Kinder oder andere Personen Zugriff auf das Telefon haben. Der Anbieter muss die Sperre kostenfrei einrichten. Dagegen kann die Freischaltung der gesperrten Rufnummernbereiche kostenpflichtig sein.

Checkliste: So beantragen Sie die Einrichtung einer Rufnummernsperre richtig

- Beantragen Sie die Sperrung bestimmter Rufnummernbereiche beim Anbieter schriftlich.
- Zählen Sie die Rufnummernbereiche auf, für die Sie eine Sperrung beantragen.

Musterbrief: Antrag auf Sperrung bestimmter Rufnummernbereiche

Hiermit beantrage ich, dass die Nutzung meines Netzzugangs für folgende Rufnummernbereiche gesperrt wird: ... [Aufzählung der zu sperrenden Rufnummernbereiche].

Bitte benachrichtigen Sie mich, sobald Sie die Sperre antragsgemäß eingerichtet haben.

Mobilfunkkunden können sich eine sogenannte Drittanbietersperre einrichten lassen. Damit wird verhindert, dass Anbieter Dienste über ihre Mobilfunkrechnung abrechnen lassen können, denen die Mobilfunknummer bekannt ist (§ 45d Abs. 3 TKG). Der Kunde entgeht so dem Risiko, allein durch einen Fingertipp auf einem Smartphone etwas zu bestellen. Auch die Drittanbietersperre muss der Anbieter kostenfrei einrichten.

Checkliste: So beantragen Sie die Einrichtung einer Drittanbietersperre richtig

- Beantragen Sie die Einrichtung einer Drittanbietersperre beim Anbieter schriftlich.
- Wenn Sie keine vollständige Identifizierung Ihres Mobilfunkanschlusses wollen, müssen Sie im Antrag die Leistungen aufzählen, die Sie nicht sperren lassen möchten.

Musterbrief: Antrag auf Einrichtung einer Drittanbietersperre

Hiermit beantrage ich, dass die Identifizierung meines Mobilfunkanschlusses gemäß § 45d Abs. 3 TKG zur Inanspruchnahme und Abrechnung von neben der Verbindung erbrachten Leistungen unverzüglich gesperrt wird.

[Oder]

[wenn nur eine Teilsperre beantragt wird]: Hiermit beantrage ich, dass die Identifizierung meines Mobilfunkanschlusses gemäß § 45d Abs. 3 TKG zur Inanspruchnahme und Abrechnung von neben der Verbindung erbrachten Leistungen unverzüglich gesperrt wird. Von der Sperre sollen folgende Leistungen ausgenommen sein: ... [Aufzählung der Leistungen, die nicht gesperrt werden sollen].

WENN DER KUNDE UMZIEHT UND DER ANBIETER DIE VEREINBARTE LEISTUNG AM NEUEN WOHNORT NICHT ERBRINGEN KANN

Sonderkündigungsrecht

Wenn der Kunde seinen Wohnort wechselt, ist der Anbieter verpflichtet, die vertraglich geschuldete Leistung auch am neuen Wohnort zu erbringen. Der Kunde muss sich also weder mit einem neuen Tarif noch mit einer geringeren DSL-Mindestbandbreite abspeisen lassen. Für den Aufwand darf der Anbieter ein angemessenes Entgelt verlangen, allerdings nicht mehr als die Schaltung eines Neuanschlusses kostet. Kann der Anbieter die vertragsgemäße Leistung am neuen Wohnort nicht erbringen, hat der Kunde ein Sonderkündigungsrecht.

Checkliste: So kündigen Sie beim Umzug außerordentlich

- Kündigen Sie schriftlich. Übersenden Sie die Kündigung aus Beweisgründen per Einschreiben mit Rückschein.
- Geben Sie den Grund der Kündigung an.
- Sie können den Vertrag mit einer Frist von drei Monaten zum Monatsende vorzeitig kündigen (§ 46 Abs. 8 TKG). Sieht der Vertrag eine kürzere Kündigungsfrist vor, so gilt die vereinbarte Frist.

Musterbrief: Außerordentliche Kündigung wegen Umzugs

Am ... haben wir einen Vertrag über die Erbringung folgender Leistung abgeschlossen: ... [Beschreibung der vereinbarten Leistung, z.B. Festnetzanschluss plus DSL].

Ich bin am ... umgezogen und wohne jetzt in ... [Straße, neuer Wohnort]. Der vertraglich geschuldete DSL-Anschluss ist dort nicht verfügbar. Somit können Sie die vertraglich geschuldete Leistung nicht mehr erbringen. Ich mache deshalb hiermit von meinem außerordentlichen Kündigungsrecht nach § 46 Abs. 8 TKG Gebrauch und kündige den Vertrag zum ... [Kündigungsfrist von drei Monaten bis zum Ende des laufenden Kalendermonats].

Bitte bestätigen Sie mir bis ... den Eingang der Kündigung.

WENN BEI BEENDIGUNG DES PREPAID-VERTRAGS NOCH EIN RESTGUTHABEN BESTEHT

Beim mobilen Telefonieren muss man sich nicht zwangsläufig an einen Mobilfunkanbieter binden. Stattdessen kann man auch ohne Grundgebühren durch Vorleistung – das heißt durch Erwerb einer Prepaid-Karte mit entsprechender Aufladung – ein Guthaben erwerben und dieses abtelefonieren.

Rückzahlung des Guthabens

Bei Beendigung des Prepaid-Vertrags hat der Kunde Anspruch auf Rückzahlung eines verbliebenen Guthabens. Anders lautende Klauseln in den Allgemeinen Geschäftsbedingungen des Anbieters benachteiligen den Kunden unangemessen und sind daher unwirksam. Die Auszahlung des Restguthabens muss für den Kunden kostenfrei sein. Der Anbieter darf also keine Bearbeitungsgebühr oder ein anderes gesondertes Entgelt verlangen.

Checkliste: So reklamieren Sie die Erstattung des Prepaid-Guthabens richtig

- Machen Sie Ihren Anspruch schriftlich geltend.
- Versenden Sie den Brief aus Beweisgründen per Einschreiben mit Rückschein.
- Setzen Sie dem Anbieter eine angemessene Zahlungsfrist.
- Achten Sie auf die Verjährung. Ist in den Allgemeinen Geschäftsbedingungen des Anbieters geregelt, dass die Auszahlung nur bei Vertragsende erfolgt, tritt die Verjährung drei Jahre später zum Jahresende ein (§§ 195, 199 BGB).

Musterbrief: Erstattung des Prepaid-Guthabens

Am … haben wir den Prepaid-Vertrag mit der Nummer ... beendet. Ich fordere Sie hiermit auf, mir mein noch vorhandenes Prepaid-Guthaben in Höhe von … Euro bis spätestens zum … auf mein Konto … zu überweisen.

Vorsorglich weise ich Sie darauf hin, dass es unzulässig ist, wenn Sie ein Entgelt für die Auszahlung meines Prepaid-Guthabens verlangen.

RICHTIG REKLAMIEREN GEGENÜBER DER BAHN

07

Ob Verspätungen oder Zugausfälle – im Nah- oder Fernverkehr wartet auf Reisende manches Ärgernis, wenn sie von A nach B kommen wollen. Auf welche Entschädigungs- und Schadenersatzleistungen sie dann Anspruch haben und wie diese durchgesetzt werden, erklärt dieses Kapitel.

RECHTE GEGENÜBER DER BAHN

WENN DER ZUG AUSFÄLLT ODER SICH VERSPÄTET

Ärgerlich, wenn sich der Zug verspätet. Allerdings haben Reisende bei Verspätungen oder Ausfällen Anspruch auf Entschädigung. Die Fahrgastrechte sind gemeinschaftsrechtlich in der Verordnung (EG) Nr. 1371/2007 geregelt.

Entschädigung

Bei Verspätung und Ausfall von Zügen im Nah- und Fernverkehr gilt Folgendes: Ab 60 Minuten Verspätung erhalten Fahrgäste eine Entschädigung von 25 Prozent des Reisepreises für die einfache Fahrt, ab 120 Minuten Verspätung 50 Prozent. Zeitkarten des Nah- und Fernverkehrs werden pauschal je Verspätung ab 60 Minuten entschädigt (z.B. Zeitkarten des Nahverkehrs in der 2. Klasse mit 1,50 Euro je 60 Minuten). Zeitfahrkarten sind Fahrkarten, die für mehr als eine bestimmte Fahrt gültig sind. Das sind zum Beispiel Wochenkarten, Monatskarten und Abo-Ausweise, aber auch Tages- und Wochenkarten für bestimmte Regionen (z.B. Schönes-Wochenende-Ticket, Quer-durchs-Land-Ticket).

Der Fahrgast kann zwischen einem Gutschein oder der Auszahlung des Geldbetrags wählen. Wird aufgrund des Zugausfalls oder einer Verspätung von mindestens einer Stunde eine Übernachtung erforderlich und ist die Fortsetzung der Fahrt am selben Tag nicht zumutbar, werden dem Fahrgast angemessene Übernachtungskosten erstattet.

Weitere Rechte haben Reisende bei Verspätungen und Zugausfällen im Nahverkehr, wenn also die Reiseweite nicht mehr als 50 Kilometer oder die Reisezeit nicht mehr als eine Stunde beträgt. In der Praxis gehören zum Nahverkehr insbesondere die Regionalbahn, der Regional-Express und die S-Bahnen. Bei einer absehbaren Verspätung von mindestens 20 Minuten kann der Reisende jeden beliebigen anderen Zug nutzen, auch einen Zug des Fernverkehrs. Der Fahrgast muss die zusätzlich erforderliche Fahrkarte zunächst bezahlen und kann die Kosten anschließend geltend machen. Bei Nachtfahrten kann er bei absehbaren Verspätungen von mindestens 60 Minuten jedes andere Verkehrsmittel, also auch ein Taxi, nehmen. Letzteres gilt allerdings nur, wenn es überhaupt keine oder keine preisgünstigeren Verkehrsmittel mehr gibt, um den Zielbahnhof zu erreichen. Die Erstattung beträgt maximal 80 Euro. Als Nachtfahrt sind Fahrten anzusehen, die fahrplanmäßig in der Zeit zwischen 00.00 und 5.00 Uhr enden. Die gleiche Regelung wie für Nachtfahrten gilt, wenn der fahrplanmäßig letzte Zug des Tages ausfällt und der Fahrgast den Zielbahnhof nicht mehr bis 24.00 Uhr erreichen kann, ohne ein anderes Verkehrsmittel zu nutzen.

Checkliste: So reklamieren Sie Fahrgastrechte richtig

- Geld gibt es mit dem Fahrgastrechteformular der Bahn und der Bestätigung durch das Zugpersonal. Dieses können Sie beim Schaffner oder an den Fahrkartenverkaufsstellen beziehen. Sie können das Formular aber auch im Internet unter www.fahrgastrechte.info herunterladen.
- An der DB Information kann die Verspätung in der Regel bis fünf Tage und im DB Reisezentrum bis längstens ein Jahr nach der Reise bestätigt werden.
- Das ausgefüllte Formular können Sie in einem DB-Reisezentrum abgeben oder an das Servicecenter Fahrgastrechte, 60646 Frankfurt am Main, schicken.
- Ansprüche können Sie bis zu einem Jahr nach Ablauf der Gültigkeit der Fahrkarte geltend machen.

ZUSÄTZLICHE ERSTATTUNGSMÖGLICHKEITEN IM ÖFFENTLICHEN PERSONENNAHVERKEHR

Neben den bundesweit für den Bahnverkehr geltenden Fahrgastrechten gibt es im Nahverkehr unterschiedliche Garantieleistungen bei Verspätungen und Ausfällen von Verkehrsmitteln. Fahrgäste im öffentlichen Personennahverkehr sollten sich gezielt bei ihrem Verkehrsunternehmen informieren. Die Angebote umfassen zum Beispiel pauschalen Ersatz für Verspätungen oder besondere Erstattungsregeln für Abo-Kunden.

Die wohl weitreichendste und zugleich einzige landesweit einheitliche Regelung bietet die Mobilitätsgarantie NRW. Sie ist in den Beförderungsbedingungen fast aller nordrhein-westfälischen Nahverkehrsunternehmen festgehalten.

Mobilitätsgarantie NRW

Die Mobilitätsgarantie NRW gilt für alle Verkehrsmittel, also neben Nahverkehrszügen für Busse, Straßenbahnen, U-Bahnen und O-Busse. Bei Abfahrtsverspätungen ab 20 Minuten können Fahrgäste ein Taxi benutzen, wenn kein anderes öffentliches Verkehrsmittel zur Verfügung steht. Kosten hierfür werden tagsüber bis zu 25 Euro pro Person erstattet, zwischen 20 Uhr und 5 Uhr sind es sogar bis zu 50 Euro. Wenn man beispielsweise zu vier Personen ein Taxi teilt, werden also am Tag bis zu 100 Euro erstattet. Jeder Fahrgast sollte dann um eine eigene Quittung über den Teilbetrag bitten. Alternativ wird der Aufpreis für die Nutzung eines Fernverkehrszuges erstattet. Zuständig für die Erstattung ist das Verkehrsunternehmen, dessen Fahrzeug benutzt werden sollte. Keine Erstattung wird gewährt bei Verspätungen und Ausfällen wegen Streik, Unwetter, Naturgewalten und Bombendrohungen und bei Verzögerungen während der Fahrt.

Einzureichen sind außer dem Erstattungsantrag die ursprüngliche Fahrkarte und der Beleg für die zusätzlichen Kosten (Taxiquittung oder Fernverkehrsfahrkarte).

WENN DAS GEPÄCK BESCHÄDIGT WIRD ODER VERLOREN GEHT

Bahnreisende sind für ihr Handgepäck grundsätzlich selbst verantwortlich, es sei denn, dass die Bahn als Beförderer die Beschädigung oder den Verlust verursacht hat. Für aufgegebenes Reisegepäck haftet die Bahn ohne Verschulden bei Verlust, Beschädigung oder Verspätung. Nur wenn der Schaden auf Umstände zurückzuführen ist, auf die die Bahn keinen Einfluss hatte (z.B. wenn das Reisegepäck mangelhaft verpackt wurde), ist sie von der Haftung befreit.

Gesetzlich haftet die Bahn für beschädigtes, verspätet ausgeliefertes oder verloren gegangenes Reisegepäck nur bis zu bestimmten Höchstgrenzen. So wird dem Bahnreisenden z.B. bei Verlust oder Beschädigung des Gepäcks eine Entschädigung bis maximal 1.200 Sonderziehungsrechten (= circa 1.350 Euro) je Gepäckstück gezahlt. Ohne Nachweis der Schadenshöhe erhält der Reisende eine Pauschalentschädigung von 300 Sonderziehungsrechten (= circa 337 Euro) je Gepäckstück. Bei verspäteter Auslieferung des Reisegepäcks wird für je angefangene 24 Stunden für maximal 14 Tage bei nachgewiesenem Schaden eine Entschädigung in dieser Höhe, jedoch maximal 14 Sonderziehungsrechten (= circa 16,00 Euro) gezahlt. Ohne Nachweis reduziert sich die Entschädigung auf 2,80 Sonderziehungsrechte (= circa 3,15 Euro) pro 24 Stunden und je verspätet ausgeliefertem Gepäckstück.

Checkliste: So machen Sie Schadenersatz richtig geltend

- Machen Sie Ihren Schadenersatzanspruch schriftlich gegenüber der Bahn geltend. Schicken Sie den Brief aus Beweisgründen per Einschreiben mit Rückschein.
- Begründen Sie Ihren Schaden (z.B. bei Beschädigung durch Kostenvoranschlag für die Reparatur des beschädigten Koffers oder für einen neuen Koffer; bei Verlust mit dem Wert des Koffers und durch Aufzählung der im Koffer befindlichen Gegenstände).

- Legen Sie Ihrem Brief die notwendigen Belege (Fahrschein, Gepäckschein, Quittungen usw.) bei.
- Ihr Schadenersatzanspruch verjährt in einem Jahr.
- Setzen Sie eine Zahlungsfrist.

Musterbrief: Schadenersatz wegen Gepäckschaden

Am ... bin ich mit dem ... ICE/IC von ... nach ... gefahren. Meinen unbeschädigten Koffer habe ich in ... aufgegeben. Bei Ankunft in ... war er wie folgt beschädigt: ... [möglichst genaue Beschreibung der Beschädigung: Kratzer, Dellen, Schloss zerstört usw.]. Von der Gepäckausgabestelle wurden die Schäden protokolliert. Eine Kopie des Protokolls ist als Anlage beigefügt.

Der Koffer hat einen Neuwert von ... Euro [soweit vorhanden, Beleg beifügen]. Für die entstandene Beschädigung mache ich hiermit Schadenersatz in Höhe von ... Euro geltend. Dem Schreiben lege ich einen Kostenvoranschlag für ... [z.B. die Reparatur, Kauf eines neuen Koffers] bei.

Bitte überweisen Sie mir den fälligen Betrag bis spätestens zum ... auf mein Konto ...

Musterbrief: Schadenersatz wegen Gepäckverlust

Am ... bin ich mit dem ... ICE/IC von ... nach ... gefahren. Meinen unbeschädigten Koffer habe ich in ... aufgegeben. Bei Ankunft in ... konnte mir mein Koffer nicht ausgehändigt werden. Von der Gepäckausgabestelle wurde der Verlust protokolliert. Eine Kopie des Protokolls ist als Anlage beigefügt.

Der Koffer hat einen Neuwert von ... Euro [soweit vorhanden, Beleg beifügen]. Im Koffer befanden sich folgende Gegenstände ... [Aufzählung der abhanden gekommenen Gegenstände] im Gesamtwert von ... Euro. Für den entstandenen Schaden mache ich hiermit Schadenersatz in Höhe von ... Euro geltend. Dem Schreiben lege ich Kostenvoranschläge für den Kauf eines gleichwertigen Koffers und des in Verlust geratenen Kofferinhalts bei.

Bitte überweisen Sie mir den fälligen Betrag bis spätestens zum ... auf mein Konto ...

08

RICHTIG REKLAMIEREN GEGENÜBER DEM REISEVERANSTALTER

Eigentlich sollte der Urlaub zu den schönsten Wochen des Jahres werden. Leider ist das aber nicht immer so. Da verlangt der Reiseveranstalter plötzlich mehr Geld als zunächst vereinbart, dann will er seine Reiseleistungen ändern oder den Reisepreis nachträglich erhöhen, der Flieger hat erhebliche Verspätung und das Zimmer und das Essen vor Ort entsprechen nicht den Erwartungen. Will der Reisende zu seinem Recht kommen, muss er richtig reklamieren und die ihm gesetzlich zustehenden Rechte gegen den Reiseveranstalter geltend machen. Dabei muss er bestimmte Formen und Fristen einhalten.

Tipp
Weitere Informationen bietet der Ratgeber „Mein Recht auf Reisen" der Verbraucherzentralen (www.vz-ratgeber.de).

RECHTE DES REISENDEN BEI ANBAHNUNG DES REISEVERTRAGS

Bei der Buchung einer Pauschalreise hat der Kunde in der Regel Rechtsbeziehungen mit dem Reiseveranstalter und dem Reisevermittler (Reisebüro). Mit dem Reiseveranstalter schließt er den Reisevertrag, mit dem Reisevermittler hingegen wird ein Geschäftsbesorgungsvertrag geschlossen, der auf die ordnungsgemäße Vermittlung der Reise gerichtet ist.

Vorsicht
Die Prospektangaben umschreiben das zu erwartende Leistungsprogramm. Sie sind damit als Vertragsgrundlage auch zentrale Anhaltspunkte, um gegebenenfalls vorliegende Reisemängel zu reklamieren.

WENN DER REISEVERANSTALTER IM REISEKATALOG FALSCHE ANGABEN MACHT

Die im Prospekt enthaltenen Angaben sind für den Reiseveranstalter bindend, das heißt, er muss rechtlich dafür einstehen, dass der Urlauber die beschriebenen Leistungsmerkmale auch am Urlaubsort vorfindet. Der Reisekatalog bzw. -prospekt ist für den Kunden eine wichtige Entscheidungsgrundlage, wenn er eine bestimmte Reise bucht. Deshalb sind die Prospektangaben auch ein zentraler Bestandteil des Reisevertrags. Zwar ist der Reiseveranstalter nicht verpflichtet, einen Prospekt herauszugeben. Wenn er einen solchen jedoch zur Verfügung stellt, muss dieser auch deutlich lesbare, klare und genaue Angaben enthalten.

Der Reiseveranstalter haftet für unrichtige Angaben im Reiseprospekt. Weicht die erbrachte Reiseleistung nachteilig vom Inhalt des Prospekts ab, so liegt ein Reisemangel vor. Der Reisende kann die in diesem Ratgeber auf Seite 193 ff. aufgeführten Gewährleistungsansprüche gegen den Reisveranstalter geltend machen.

Checkliste: So reklamieren Sie bei falscher Prospektangabe richtig

- Beschreiben Sie die falsche Angabe im Reiseprospekt.
- Schildern Sie die vor Ort angetroffene Situation.
- Belegen Sie, dass Sie den Reisemangel bei der Reiseleitung angezeigt und vergeblich um Abhilfe gebeten haben.
- Schätzen Sie die durch den Reisemangel verursachte Minderung des Reisepreises.
- Setzen Sie eine Zahlungsfrist.
- Sie können den Minderungsbetrag anhand einer Tabelle (siehe Tipp) schätzen, müssen sich aber nicht auf einen bestimmten Betrag festlegen.

Musterbrief: Minderung des Reisepreises wegen falscher Prospektangabe

Ich habe bei Ihnen die im Betreff näher bezeichnete Reise gebucht. In Ihrem Reisekatalog haben Sie angegeben, dass in dem gebuchten Zimmer eine Klimaanlage vorhanden ist. Dem war aber nicht so. Den Reisemangel habe ich am … bei Ihrer Reiseleitung vor Ort angezeigt und vergeblich um Abhilfe gebeten.

Mein Aufenthalt war daher erheblich beeinträchtigt. Ich verlange von Ihnen hiermit eine angemessene Minderung des Reisepreises für die betroffenen Urlaubstage. [Gegebenfalls Zusatz: Ich halte eine Minderung in Höhe von … Prozent des Reisepreises für gerechtfertigt; dies entspricht einem Betrag von … Euro].

Bitte überweisen Sie mir den Minderungsbetrag …

Tipp

Eine Übersicht über die von Gerichten in Einzelfällen festgelegten Minderungsquoten gibt es z. B. unter www.adac.de.

WENN DIE REISEBESTÄTIGUNG VON DER BUCHUNG ABWEICHT

Der Reisevertrag kommt – wie jeder Vertrag – durch Angebot und Annahme zustande. Die Anmeldung des Reisenden ist das Angebot, die Reisebestätigung des Reiseveranstalters die Annahme.

Die Reiseanmeldung ist für den Kunden rechtlich verbindlich. An das Angebot zum Abschluss des Reisevertrags ist der Kunde also gebunden. Bei Onlinebuchungen steht ihm kein gesetzliches Widerrufsrecht bei Fernabsatzverträgen zu (§ 312 Abs. 2 Nr. 4 BGB).

Mit der Reisebestätigung nimmt der Reiseveranstalter die Buchung an. Dann ist der Reisevertrag zustande gekommen. Die schriftliche Reisebestätigung ist dem Reisenden als Urkunde auszuhändigen. Sie enthält alle Informationen und Daten zur Reise.

Weicht die Reisebestätigung von der Reiseanmeldung ab (z. B. Unterbringung in einem anderen Hotel), liegt darin ein neues Vertragsangebot des Reiseveranstalters, das der Kunde annehmen oder ablehnen kann. Die Annahme kann ausdrücklich oder stillschweigend (z. B. durch Zahlung des Reisepreises) erfolgen.

Wenn der Kunde das Angebot nicht annehmen will, kann er es entweder ausdrücklich – am besten schriftlich – ablehnen oder gar nichts unternehmen. Ein Reisevertrag ist in beiden Fällen nicht zustande gekommen.

Checkliste: So reklamieren Sie Änderungen der Reise richtig

- Weisen Sie den Reiseveranstalter schriftlich darauf hin, dass die Reisebestätigung inhaltlich nicht der Buchung entspricht.
- Verlangen Sie eine neue Reisebestätigung, die die in Ihrer Buchung genannten Reiseleistungen beinhaltet.

Musterbrief: Änderung der Reisebestätigung

Am … habe ich bei Ihnen die im Betreff näher bezeichnete Reise gebucht. Beim Reisebüro habe ich ausdrücklich darauf hingewiesen, dass ich … [z. B. ein Zimmer mit Meerblick] wünsche. Den mir nun zugeschickten Reiseunterlagen kann ich allerdings nicht entnehmen, dass dieser Sonderwunsch berücksichtigt wurde.

Bitte bestätigen Sie mir diese Zusatzvereinbarung innerhalb einer Woche nach Erhalt dieses Schreibens.

RECHTE DES REISENDEN VOR REISEBEGINN

WENN DER REISEVERANSTALTER EINE ÜBERHÖHTE ANZAHLUNG VERLANGT

Bei Pauschalreisen ist es üblich, dass der Reiseveranstalter eine Anzahlung auf den Reisepreis verlangt. Zulässig ist sie aber nur, wenn dem Reisenden zuvor der Sicherungsschein ausgehändigt wurde. Ohne vorherige Übergabe eines Sicherungsscheins darf weder vom Reiseveranstalter noch vom Reisebüro eine Anzahlung auf den Reisepreis gefordert oder angenommen werden (§ 651k Abs. 4 BGB).

Sicherungsschein

Der Sicherungsschein belegt, dass der Reisende finanziell abgesichert ist, wenn der Reiseveranstalter zahlungsunfähig ist oder ein Insolvenzverfahren eröffnet wird. Das Dokument weist nach, dass in diesen Fällen eine Absicherung besteht, damit bei einem Ausfall der Reise der bereits gezahlte Reisepreis wegen nicht erbrachter Leistungen oder die Aufwendungen für die Rückreise bei einem bereits angetretenen Urlaub erstattet werden. Nicht von der Insolvenzsicherung erfasst werden Gewährleistungsansprüche wegen Reisemängeln wie z. B. die Minderung des Reisepreises (vgl. dazu Seite 193 ff.). Form und Inhalt des Sicherungsscheins müssen den Vorgaben des § 9 BGB-Info-V mit der Anlage entsprechen.

Die Höhe der Anzahlung ist gesetzlich nicht festgelegt. Nach der Rechtsprechung des Bundesgerichtshofs darf nur ein „verhältnismäßig geringer" Betrag verlangt werden. Bei Flugpauschalreisen darf die vom Reiseveranstalter geforderte Anzahlung nach Ansicht der Verbraucherzentrale die Höhe von 20 Prozent des Reisepreises nicht übersteigen.

Erste Urteile von Land- und Oberlandesgerichten (nicht rechtskräftig) bestätigen dies. Solange eine höchstrichterliche Entscheidung noch aussteht, sollte deshalb bei der Auswahl des Reiseveranstalters auch die Höhe der geforderten Anzahlung ein Kriterium sein.

Wann der Reisende die Restzahlung zu leisten hat, muss bei Vertragsschluss feststehen. Die Fälligkeit ergibt sich im Regelfall aus den allgemeinen Reisebedingungen. Üblicherweise muss der Reisende die Restzahlung vier Wochen vor Reisebeginn leisten. Er muss den Restpreis aber erst dann zahlen, wenn er über alle Reiseunterlagen verfügt. Und der Reiseveranstalter kann bei einer Reise mit vertraglich festgelegter Mindestteilnehmerzahl den Restpreis auch nicht vor dem letztmöglichen Absagezeitpunkt verlangen.

WENN DER REISENDE W

Wer Reisetermin oder -ziel, Abflugflughafen oder die Beförderungsart nach Vertragsschluss ändern will, muss dafür das Einverständnis des Reiseveranstalters einholen. Dieser muss mit der Umbuchung einverstanden ist. Einen Anspruch auf Umbuchung hat der Reisende nicht.

Entgelt

Für die Umbuchung kann der Reiseveranstalter ein angemessenes Umbuchungsentgelt (außer bei geringfügigen Umbuchungskosten) verlangen. Dieses beträgt in der Regel 30 Euro pro Reise (nicht pro Person).

Checkliste: So buchen Sie richtig um

- Prüfen Sie im Reisevertrag, bis wann Sie umbuchen können.
- Bitten Sie um eine entsprechende Umbuchungsbestätigung.

Musterbrief: Umbuchung

Leider kann ich die im Betreff näher bezeichnete Reise nicht antreten. Zur Vermeidung von Storno- bzw. Reiserücktrittskosten möchte ich wie folgt umbuchen: Statt ... nunmehr ... Bitte senden Sie mir eine entsprechende Umbuchungsbestätigung zu.

Falls die Umbuchung nicht möglich sein sollte, bitte ich um umgehende Benachrichtigung, da ich mich dann um eine Ersatzperson bemühen müsste, die an meiner Stelle die Reise antritt.

WENN DER REISENDE DIE REISE NICHT ANTRETEN WILL

Niemand kann gezwungen werden, eine gebuchte Reise auch tatsächlich anzutreten. Deshalb kann der Reisende jederzeit vom Reisevertrag zurücktreten. Er kann aber auch einen Ersatzreisenden benennen, der in den bestehenden Reisevertrag eintritt. Und unter Umständen kommt auch eine Kündigung des Reisevertrags wegen höherer Gewalt in Betracht.

Wenn der Reisende die Reise stornieren will

Keine Begründung

Vor Reisebeginn kann der Reisende jederzeit vom Reisevertrag zurücktreten. Ein Grund für den Rücktritt ist nicht erforderlich. Nähere Bestimmungen enthalten § 651i BGB und Bestimmungen in den allgemeinen Reisebedingungen. Der Rücktritt vom Reisevertrag kann gegenüber dem Reiseveranstalter oder dem Reisebüro, welches die Buchung entgegengenommen hat, erklärt werden.

Checkliste: So stornieren Sie richtig

- Je früher Sie die Reise stornieren, desto geringer ist das Stornoentgelt (vgl. unten).
- Erklären Sie den Rücktritt vom Reisevertrag schriftlich.
- Übersenden Sie den Brief aus Beweisgründen per Einschreiben mit Rückschein.
- Der Grund des Rücktritts kann, muss aber nicht angegeben werden.

Musterbrief: Stornierung der Reise

Ich habe die im Betreff näher bezeichnete Reise gebucht. Leider kann ich die Reise nicht antreten, weil ... [der Grund der Stornierung muss allerdings nicht angegeben werden].

Hiermit trete ich vom Reisevertrag zurück.

Mit dem Rücktritt vom Reisevertrag durch den Reisenden entfällt für den Reiseveranstalter der Anspruch auf den Reisepreis. Wenn der Reisende keinen Ersatzreisenden bestellt (vgl. unten), kann der Veranstalter allerdings eine angemessene Entschädigung verlangen. Hat der Reisende eine Reiserücktrittskostenversicherung abgeschlossen und tritt er aus einem versicherten Grund zurück, übernimmt die Versicherung die anfallenden Stornierungskosten.

Entschädigung

Der Reiseveranstalter kann die ihm zustehende angemessene Entschädigung berechnen, indem er vom Reisepreis den Wert seiner ersparten Aufwendungen (z. B. Hotelgutschrift) und den Betrag abzieht, den er durch anderweitige Verwendung der frei gewordenen Reiseleistung erwerben kann (§ 651i Abs. 2 BGB). In der Regel wird jedoch im Reisevertrag anstelle der konkreten Einzelberechnung ein pauschaler Entschädigungsanspruch vereinbart sein (§ 651i Abs. 3 BGB).

Wenn der Reisende einen Ersatzreisenden benennen will

Anstatt vom Reisevertrag zurückzutreten, kann der Reisende auch einen Ersatzreisenden benennen, der in seine Rechte und Pflichten aus dem Reisevertrag eintritt (§ 651b BGB). Die Umbenennung kann bis zum Reisebeginn gegenüber dem Reiseveranstalter erfolgen. Damit der Reiseveranstalter die notwendigen Maßnahmen treffen kann (z. B. Umschreibung der Reiseunterlagen), sollte dieser bis spätestens drei Tage vor Reisebeginn über den Ersatzreisenden informiert werden. Eine entsprechende Erklärung ist bindend und nicht widerrufbar.

Checkliste: So benennen Sie einen Ersatzreisenden

- Wenn Sie einen Ersatzreisenden benennen, müssen Sie den Reiseveranstalter so schnell als möglich schriftlich informieren.
- Bringen Sie zum Ausdruck, dass Sie die gebuchte Reise nicht antreten können. Gründe für die Verhinderung brauchen Sie nicht anzugeben.
- Geben Sie Namen und Anschrift des Ersatzreisenden an. Bitten Sie darum, dass dem neuen Reiseteilnehmer eine entsprechende Reisebestätigung ausgehändigt wird.
- Der Ersatzreisende sollte sein Einverständnis durch Unterschrift bestätigen.

Musterbrief: Benennung eines Ersatzreisenden

Leider wird es mir nicht möglich sein, die bei Ihnen gebuchte Reise vom ... bis ... nach ... [Buchungsnummer angeben] anzutreten. Ich habe jedoch für die Reise einen Ersatzreisenden gefunden. Es handelt sich um ... [Name und Anschrift des Ersatzreisenden], der meine Rechte und Pflichten aus dem Reisevertrag übernimmt. Die genannte Person bestätigt ihr Einverständnis durch Unterschrift auf diesem Schriftstück.

Bitte senden Sie mir und dem neuen Reiseteilnehmer eine Bestätigung.

Gründe für Widerspruch

Der Reiseveranstalter kann dem Personentausch widersprechen, wenn

- der Ersatzreisende die besonderen Reiseerfordernisse nicht erfüllt (z. B. Tropentauglichkeit, gesundheitliche Anforderungen) oder
- der Teilnahme des Ersatzreisenden gesetzliche Vorschriften oder behördliche Anordnungen entgegenstehen (z. B. Visum, Impfbestimmungen).

Wenn der Reisende einen Ersatzreisenden benennt, haftet er mit diesem für die Bezahlung des Reisepreises und für die Mehrkosten, die bei der Umbuchung entstehen. Weil es sich aber nicht um einen Reiserücktritt handelt, darf der Reiseveranstalter kein Stornoentgelt (vgl. oben) berechnen.

Checkliste: So verweigern Sie die Zahlung von Stornoentgelten

- Reklamieren Sie gegenüber dem Reiseveranstalter aus Beweisgründen schriftlich.
- Weisen Sie darauf hin, dass Sie nicht von der Reise zurückgetreten sind, sondern diese lediglich auf einen Ersatzreisenden übertragen haben.
- Verweigern Sie die Zahlung des in Rechnung gestellten Stornoentgelts.

Musterbrief: Verweigerung der Zahlung von Stornoentgelten

Ich habe die im Betreff näher bezeichnete Reise gebucht. Da ich die Reise selbst nicht antreten kann, habe ich Ihnen mit Schreiben vom ... folgende Ersatzperson benannt: ... [Name und Anschrift des Ersatzreisenden].

Ich bin nicht von der Reise zurückgetreten, sondern habe lediglich den Reisevertrag nach § 651b Abs. 1 BGB auf den Ersatzreisenden übertragen. Daher fallen auch keine Stornogebühren an. Gemäß § 651b Abs. 2 BGB können Sie mir lediglich die Mehrkosten, die durch den Wechsel des Reisenden entstanden sind, in Rechnung stellen.

Ich bin daher nicht bereit, Stornoentgelte zu zahlen.

Wenn der Reisende die Reise wegen höherer Gewalt kündigen will

Unvorhersehbare Ereignisse

Wird die Pauschalreise wegen bei Vertragsschluss nicht vorhersehbarer höherer Gewalt erheblich erschwert, gefährdet oder beeinträchtigt, können sowohl der Reiseveranstalter als auch der Reisende den Reisevertrag vor und während der Reise kündigen (§ 651j BGB). Als höhere Gewalt gelten ungewöhnliche und unvorhersehbare Ereignisse, auf die derjenige, der sich auf höhere Gewalt beruft, keinen Einfluss hat und deren Folgen trotz Anwendung der gebotenen Sorgfalt nicht hätten vermieden werden können (hierzu zählt jedoch nicht die Überbuchung).

Höhere Gewalt kann vorliegen bei Naturkatastrophen, Erdbeben, Epidemien, Terroranschlägen, Kriegen oder Unruhen im Urlaubsland, bei einem Landeverbot wegen einer Naturkatastrophe, einem Streik des Flughafenpersonals oder der Fluglotsen (nicht aber bei einem Streik der Mitarbeiter des Reiseveranstalters oder des Hotelpersonals).

Checkliste: So kündigen Sie wegen höherer Gewalt richtig

- Kündigen Sie schriftlich und übersenden Sie den Brief aus Beweisgründen per Einschreiben mit Rückschein.
- Zum Kündigungszeitpunkt muss eine erhebliche Beeinträchtigung, Erschwerung oder Gefährdung der Reise bzw. des Reisenden wahrscheinlich sein. Lassen Sie sich wegen der erforderlichen Zukunftsprognose beraten.
- Erklären Sie, dass Sie die Reise wegen höherer Gewalt (nach § 651j BGB) kündigen. Es ist sinnvoll, die Gründe anzugeben, warum ein Fall von höherer Gewalt vorliegt.
- Fordern Sie den Reiseveranstalter auf, bereits geleistete Anzahlungen zurückzuüberweisen.

Tipp

Lassen Sie sich von Ihrer Verbraucherzentrale oder einem fachkundigen Anwalt beraten, bevor Sie den Reisevertrag wegen höherer Gewalt kündigen. Kündigen Sie, obwohl keine höhere Gewalt vorliegt, gilt dies als Rücktritt vom Reisevertrag mit den damit verbundenen Stornierungskosten.

Musterbrief: Kündigung wegen höherer Gewalt

Ich habe die im Betreff näher bezeichnete Reise gebucht. Nunmehr ist in meinem Urlaubsort folgendes Ereignis eingetreten: ... [Beschreibung des Ereignisses]. Hierbei handelt es sich um ein bei Vertragsschluss nicht vorhersehbares Ereignis, das die Reise erheblich gefährdet und mich berechtigt, den Reisevertrag zu kündigen.

Hiermit kündige ich die Reise gemäß § 651j BGB wegen höherer Gewalt. Bitte bestätigen Sie mir den Eingang der Kündigung und überweisen Sie die bereits geleisteten Zahlungen auf mein Konto ... [Bankverbindung].

WENN DER REISEVERANSTALTER DEN REISEPREIS NACHTRÄGLICH ERHÖHEN WILL

Nach Vertragsschluss ist eine Erhöhung des Reisepreises grundsätzlich unzulässig. Nach § 651a Abs. 4 BGB gibt es aber einige Ausnahmen von dieser Regel. So sind Preiserhöhungen zulässig, wenn:

- zwischen dem Abschluss des Reisevertrags und dem Antritt der Reise eine Frist von mindestens vier Monaten liegt.
- der Reiseveranstalter sich eine entsprechende Änderung im Reisevertrag vorbehalten hat. Dies erfolgt in der Regel in den allgemeinen Reisebedingungen. Meist werden diese Klauseln aber wegen der Unwirksamkeit nicht mehr verwendet.
- der Reisepreis erhöht wird, weil Beförderungskosten, Abgaben für bestimmte Leistungen, wie Hafen- oder Flughafengebühren, gestiegen sind oder sich Wechselkurse für die betreffende Reise geändert haben.
- der Reisevertrag genaue Angaben zur Berechnung des neuen Preises enthält, sodass der Reisende in der Lage ist, die Kostenmehrbelastung nachzuvollziehen.
- der Reiseveranstalter dem Reisenden die nachträgliche Erhöhung mindestens 21 Tage vor dem vereinbarten Reisetermin mitgeteilt hat.

Unwirksame Anhebung

Liegt bei einer Preiserhöhung eine dieser Voraussetzungen nicht vor, so ist die Anhebung unwirksam. Dann gilt nach wie vor der ursprünglich im Reisevertrag vereinbarte Reisepreis.

Bei einer Preiserhöhung um mehr als fünf Prozent kann der Reisende vom Reisevertrag zurückzutreten und sich den gezahlten Reisepreis erstatten lassen. Alternativ kann er die Teilnahme an einer mindestens gleichwertigen anderen Reise verlangen, wenn der Reiseveranstalter eine solche ohne Mehrpreis für den Reisenden anbieten kann.

WENN DER REISEVERANSTALTER NACHTRÄGLICH DIE REISELEISTUNG ÄNDERN WILL

Der Reiseveranstalter darf eine vertraglich vereinbarte Reiseleistung nach Vertragsschluss und vor Antritt der Reise ändern, wenn er sich diese Änderung im Vertrag vorbehalten hat. Meist wird ein entsprechender Änderungsvorbehalt in den allgemeinen Reisebedingungen vereinbart.

Aufgrund des Änderungsvorbehalts im Reisevertrag kann der Reiseveranstalter eine wesentliche Leistung nur dann verändern, wenn sie für den Reisenden zumutbar ist. Das ist der Fall, wenn es sich um eine unerhebliche Änderung handelt und der Gesamtzuschnitt der Reise nicht beeinträchtigt wird.

Um eine zumutbare Leistungsänderung handelt es sich z. B. dann, wenn bei einem Hotelwechsel das Ersatzhotel am gleichen Ort, in vergleichbarer Lage und mit dem gleichen Standard angeboten wird oder wenn bei einer Rundreise die Reiseziele vertauscht werden.

Vorsicht

Geringfügige Änderungen, z. B. eine Änderung der Flugroute aus Sicherheitsgründen oder eine Zwischenlandung von 30 Minuten ohne Verlassen des Flugzeugs, muss der Reisende als bloße Unannehmlichkeit in jedem Fall hinnehmen. Diese darf der Reiseveranstalter auch ohne Änderungsvorbehalt vornehmen.

Der Reiseveranstalter hat dem Reisenden eine zulässige wesentliche Leistungsänderung unverzüglich mitzuteilen (§ 651a Abs. 5 Satz 1 BGB). Selbstverständlich kann der Reisende die

Leistungsänderung akzeptieren und die Reise antreten. Er hat aber auch das Recht,

- vom Reisevertrag zurückzutreten und sich den gezahlten Reisepreis erstatten zu lassen oder
- die Teilnahme an einer mindestens gleichwertigen anderen Reise zu verlangen, wenn der Reiseveranstalter in der Lage ist, eine solche Reise ohne Mehrpreis für den Reisenden anzubieten.

Checkliste: So erklären Sie Ihren Rücktritt bei einer zulässigen Leistungsänderung richtig

- Erklären Sie den Rücktritt schriftlich. Schicken Sie den Brief aus Beweisgründen per Einschreiben mit Rückschein.
- Weisen Sie den Reiseveranstalter darauf hin, dass es sich um eine wesentliche Änderung der Reiseleistung handelt.
- Erklären Sie, dass Sie am Reisevertrag nicht mehr festhalten wollen.
- Erklären Sie den Rücktritt unverzüglich (ohne schuldhaftes Zögern), nachdem Ihnen der Reiseveranstalter die Änderung mitgeteilt hat.
- Verlangen Sie die Rückzahlung einer bereits geleisteten Anzahlung auf den Reisepreis. Setzen Sie eine Zahlungsfrist.

Musterbrief: Rücktritt bei zulässiger Leistungsänderung

Ich habe die im Betreff näher bezeichnete Reise gebucht. Mit Schreiben vom … haben Sie mir mitgeteilt, dass sich Ihre Reiseleistung wie folgt ändert: … [Beschreibung der Leistungsänderung]. Im vorliegenden Fall handelt es sich um eine wesentliche Änderung der Reiseleistung. Damit bin ich nicht einverstanden. Deshalb trete ich hiermit gemäß § 651a Abs. 5 Satz 2 BGB vom Reisevertrag zurück.

Bitte bestätigen Sie mir den Eingang dieses Schreibens schriftlich und überweisen Sie die bereits geleisteten Zahlungen auf mein Konto … [Bankverbindung].

Checkliste: So verlangen Sie eine Ersatzreise bei einer zulässigen Leistungsänderung

- Erklären Sie dem Reiseveranstalter, dass Sie die Leistungsänderung nicht akzeptieren.
- Verlangen Sie, dass Ihnen eine mindestens gleichwertige Ersatzreise angeboten wird.
- Setzen Sie eine Frist, innerhalb derer Sie das Angebot erwarten.
- Behalten Sie sich den Rücktritt vom Reisevertrag ausdrücklich vor.

Musterbrief: Verlangen einer Ersatzreise bei zulässiger Leistungsänderung

Ich habe bei Ihnen die im Betreff näher bezeichnete Reise gebucht. Mit Schreiben vom … haben Sie mir mitgeteilt, dass sich Ihre Reiseleistung wie folgt ändert: … [Beschreibung der Leistungsänderung]. Mit dieser wesentlichen Änderung der Reiseleistung bin ich nicht einverstanden. Bitte bieten Sie mir aus Ihrem Programm eine gleichwertige Ersatzreise an. Ihren entsprechenden Vorschlag erwarte ich bis spätestens …

Für den Fall, dass Sie mir keine meinen Vorstellungen entsprechende Ersatzreise anbieten, behalte ich mir das Recht vor, vom Vertrag zurückzutreten.

Anders ist die Rechtslage bei einer unzulässigen Leistungsänderung. Diese liegt vor, wenn diese für den Reisenden unzumutbar ist.

Eine unzumutbare Leistungsänderung ist z. B. gegeben, wenn
bei einem Sporturlaub die Sportmöglichkeiten wegfallen,
bei einem Hotelwechsel das neue Hotel von der Kategorie, Ausstattung, Lage und Standard nicht dem gebuchten Objekt entspricht oder wenn der Veranstalter das Zielland der Reise ändert.

Wie bei einer zulässigen Leistungsänderung kann der Reisende auch in diesem Fall vom Vertrag zurücktreten oder eine gleichwertige Ersatzreise verlangen (vgl. Formulierungsbeispiele oben). Allerdings stellt eine erhebliche Leistungsänderung auch einen Reisemangel dar, sodass der Reisende seine gesetzlichen Gewährleistungsrechte geltend machen kann (z. B. Minderung oder Schadenersatz; vgl. Seite 196 ff.). Will der Reisende die Reise also trotz der Leistungsänderung antreten, dann sollte er sich unbedingt vorbehalten, Gewährleistungsrechte geltend zu machen.

Checkliste: So reklamieren Sie bei einer unzulässigen Leistungsänderung richtig

- Bringen Sie gegenüber dem Reiseveranstalter zum Ausdruck, dass es sich um eine unzulässige Leistungsänderung handelt.
- Erklären Sie gegenüber dem Reiseveranstalter, dass Sie mit der Änderung nicht einverstanden sind.
- Teilen Sie dem Reiseveranstalter mit, dass Sie trotz der Leistungsänderung die Reise antreten werden.
- Fordern Sie den Veranstalter bereits vor Antritt der Reise zur Abhilfe auf. Behalten Sie sich ausdrücklich vor, gegebenenfalls die Ihnen zustehenden Mängelrechte geltend zu machen.

Musterbrief: Vorbehalt von Mängelrechten

Ich habe bei Ihnen die im Betreff näher bezeichnete Reise gebucht. Mit Schreiben vom ... haben Sie mir mitgeteilt, dass sich Ihre Reiseleistung wie folgt ändert: ... [Beschreibung der Leistungsänderung].

Mit dieser erheblichen Änderung des Inhalts der Reise bin ich nicht einverstanden. Ich fordere Sie deshalb zur Abhilfe auf. Für den Fall, dass Ihnen bis zum Reiseantritt die Abhilfe nicht möglich ist, behalte ich mir die Geltendmachung von Gewährleistungsrechten vor.

RECHTE DES REISENDEN BEI REISE-MÄNGELN

Gewährleistungsrechte

Die meisten reiserechtlichen Streitigkeiten betreffen die Frage, ob der Reisende Gewährleistungsrechte, also Ansprüche wegen mangelhafter Leistungen, gegen den Reiseveranstalter hat, wenn der Urlaub nicht seinen Erwartungen entspricht. Schließlich ist der Reiseveranstalter nach § 651c Abs. 1 BGB verpflichtet, die Reise so zu erbringen, dass sie die zugesicherten Eigenschaften hat und nicht mit Fehlern behaftet ist. Ob der Reiseveranstalter den Mangel verschuldet hat oder nicht, ist dabei – mit Ausnahme bei der Geltendmachung von Schadenersatz – ohne Bedeutung. Er haftet dem Reisenden gegenüber vielmehr auch, wenn er den Mangel weder vorsätzlich noch fahrlässig zu vertreten hat.

Ist die Reise mangelhaft, hat der Reisende unter den jeweiligen gesetzlichen Voraussetzungen folgende Ansprüche:

- Anspruch auf Abhilfe,
- Minderung des Reisepreises,
- Kündigung wegen erheblicher Reisemängel,
- Schadenersatz wegen Nichterfüllung des Reisevertrags,
- Schadenersatz wegen nutzlos aufgewendeter Urlaubszeit.

WENN DER REISENDE VOM REISEVERANSTALTER DIE BESEITIGUNG DES REISEMANGELS VERLANGEN WILL

Liegt ein Reisemangel vor, hat der Reisende Anspruch auf ordnungsgemäße Vertragserfüllung. Er kann deshalb vom Reiseveranstalter verlangen, dass er den Reisemangel beseitigt (§ 651c Abs. 2 BGB).

Abhilfeverlangen

Abhilfe einzufordern ist von der Anzeige von Mängeln zu unterscheiden. Während das Abhilfeverlangen auf die Beseitigung des Mangels gerichtet ist („Reparieren Sie die Toilette"), dient die Mängelanzeige („Die Toilette ist defekt") lediglich dazu, den Minderungsanspruch (vgl. dazu Seite 196 f.) geltend zu machen. Will der Reisende also lediglich den Reisepreis mindern, muss er den Mangel nur anzeigen. Verlangt der Reisende vom Reiseveranstalter dagegen, dass der Mangel beseitigt wird, liegt gleichzeitig auch eine Mängelanzeige vor. Dagegen ersetzt die bloße Anzeige der Mängel nicht das Abhilfeverlangen.

Checkliste: So verlangen Sie die Beseitigung des Reisemangels

- Reklamieren Sie den Reisemangel möglichst schnell. Machen Sie also umgehend bei der Reiseleitung Meldung, nachdem Sie den Mangel entdeckt haben.
- Erläutern Sie ganz konkret den Reisemangel und führen Sie diesen stichwortartig nach Ort, Zeit, Geschehensablauf und Schadensfolgen auf. Führen Sie die vorhandenen Beweismittel auf (z.B. Mängelprotokoll, Fotos).
- Aus der Erklärung muss hervorgehen, dass Sie mit dem angetroffenen Zustand nicht einverstanden sind und darauf bestehen, dass der Vertrag erfüllt wird. Bringen Sie klar und eindeutig zum Ausdruck, dass Sie die Beseitigung der Mängel erwarten.
- Setzen Sie zur Beseitigung des Reisemangels eine angemessene Frist.

Musterbrief: Mängelanzeige und Abhilfeverlangen bei der Reiseleitung

Ich habe bei Ihnen die im Betreff näher bezeichnete Reise gebucht. Statt des gebuchten und von Ihnen zugesagten 4-Sterne-Hotels wurde ich in einem minderwertigen 3-Sterne-Hotel untergebracht.

Hiermit zeige ich Ihnen diesen Reisemangel an und fordere Sie auf, den Mangel bis ... zu beseitigen. Wird der Mangel nicht beseitigt oder mir ein Zimmer in einem Hotel überlassen, das dem vereinbarten Standard, der Kategorie und der räumlichen Lage entspricht, werde ich den Vertrag kündigen oder selbst dem Mangel abhelfen.

Das Abhilfeverlangen muss gegenüber der örtlichen Reiseleitung oder einem Vertreter des Reiseveranstalters geltend gemacht werden. In der Regel ist die Hotelrezeption dafür nicht der richtige Adressat. Der Veranstalter ist verpflichtet, den Reisenden rechtzeitig vor Reisebeginn über Name, Anschrift und Telefonnummer der örtlichen Vertretung oder – wenn nicht vorhanden – eine Notfallstelle zu unterrichten.

Tipp
Lassen Sie sich Ihr Abhilfeverlangen von der örtlichen Reiseleitung unbedingt bestätigen.

08

Musterbrief: Empfangsbestätigung für Abhilfeverlangen

Das Abhilfeverlangen mit Fristsetzung wegen … [Beschreibung des Reisemangels] von … [Name des Reisenden] habe ich heute erhalten.

Die Kosten der durchgeführten Abhilfe (z. B. der Reinigung des verschmutzten Zimmers oder die Reparatur der Toilette) gehen zu Lasten des Reiseveranstalters. Auch etwaige Mehrkosten (wenn z. B. ein Hotel einer höheren Kategorie zur Verfügung gestellt wird) hat der Reiseveranstalter zu tragen.

WENN DER REISENDE DEN MANGEL SELBST BESEITIGEN UND ERSATZ SEINER AUFWENDUNGEN VERLANGEN WILL

Wenn der Reiseveranstalter nicht innerhalb der vom Reisenden gesetzten angemessenen Frist den Reisemangel beseitigt, kann der Reisende – wenn möglich – selbst Abhilfe schaffen (z. B. das verschmutzte Hotelzimmer säubern). Eine Fristsetzung ist nicht erforderlich, wenn der Reiseveranstalter die Abhilfe ablehnt oder wenn sofortige Abhilfe durch ein besonderes Interesse des Reisenden geboten ist (z. B. bei Gesundheitsgefahren, Anmieten von Beförderungsmitteln bei Ausfall der vom Reiseveranstalter gestellten Busse für den Rücktransport zum Flughafen). Die erforderlichen Aufwendungen (z. B. Taxikosten) kann der Reisende vom Reiseveranstalter zurückfordern (§ 651c Abs. 3 BGB).

Checkliste: So machen Sie Kostenersatz richtig geltend

- Den Anspruch auf Kostenersatz müssen Sie innerhalb eines Monats nach dem vertraglich vorgesehenen Ende der Reise geltend machen (§ 651g Abs. 1 BGB).
- Den Anspruch sollten Sie gegenüber dem Reiseveranstalter schriftlich geltend machen.
- Erläutern Sie ganz konkret den Reisemangel und führen Sie diesen stichwortartig nach Ort, Zeit, Geschehensablauf und Schadensfolgen auf. Führen Sie die vorhandenen Beweismittel auf (z.B. Mängelprotokoll, Fotos). Bringen Sie zum Ausdruck, dass Sie die Reiseleitung unter Fristsetzung zur Beseitigung des Mangels aufgefordert haben und diese Frist erfolglos abgelaufen ist.
- Verlangen Sie vom Reiseveranstalter, dass er Ihnen die entstandenen Aufwendungen ersetzt. Setzen Sie ihm eine Zahlungsfrist. Belegen Sie Ihre Aufwendungen durch entsprechende Quittungen.

Musterbrief: Kostenersatz der Selbstabhilfe

Ich habe bei Ihnen die im Betreff näher bezeichnete Reise gebucht. Während der Reise sind folgende Mängel aufgetreten, die ich Ihrer Reiseleitung bereits vor Ort am ... schriftlich mitgeteilt habe: ... [konkrete Beschreibung der Mängel].

Ihre Reiseleitung war nicht bereit, die Mängel innerhalb der gesetzten Frist bis zum ... zu beseitigen. Deshalb habe ich von der Möglichkeit der Selbstabhilfe Gebrauch gemacht, indem ich ... [Schilderung der vorgenommenen Maßnahmen, z. B. verunreinigtes Zimmer auf eigene Kosten gesäubert]. Dabei sind mir Kosten in Höhe von ... Euro entstanden. Kopien der Quittungen liegen diesem Schreiben bei.

Ich fordere Sie auf, mir den Gesamtbetrag von ... Euro bis zum ... auf mein Konto ... zu überweisen.

WENN DER REISENDE DEN REISEPREIS MINDERN WILL

Ist die Reiseleistung des Reiseveranstalters mangelhaft, so mindert sich der Reisepreis für die Dauer des Mangels (§ 651d

Abs. 1 BGB). Minderung bedeutet, dass der Reisende wegen eines Mangels am Reisevertrag festhält, also weder selbst den Mangel beseitigt noch den Vertrag kündigt, dafür aber den Reisepreis nach Reiseende kürzt. Der Reisende verlangt deshalb nach Reiseende einen Teil des gezahlten Reisepreises zurück. Die Minderung kann neben den anderen Gewährleistungsrechten (z.B. Schadenersatz) geltend gemacht werden.

Die Minderung setzt voraus, dass die Reise mit einem Mangel behaftet war, dieser vom Reisenden angezeigt wurde und für eine gewisse Dauer vorgelegen hat.

Mängelanzeige

Die Minderung des Reisepreises tritt nicht ein, wenn der Reisende es schuldhaft unterlässt, den Mangel anzuzeigen (§ 651d Abs. 2 BGB). Über diese Pflicht muss der Reiseveranstalter den Reisenden in der Reisebestätigung oder in den allgemeinen Reisebedingungen unterrichten. Der Reisende muss beweisen, dass er die Mängel angezeigt hat. Nur in Ausnahmefällen kann auf eine Anzeige der Mängel verzichtet werden, so z. B. bei offenkundigen Mängeln wie einer Großbaustelle vor dem Hotel.

Checkliste: So zeigen Sie den Reisemangel richtig an

- Reklamieren Sie den Reisemangel möglichst schnell. Machen Sie also umgehend bei Ihrer Reiseleitung Meldung, nachdem Sie den Mangel entdeckt haben.
- Zeigen Sie den Mangel aus Beweisgründen schriftlich an.
- Erläutern Sie den Reisemangel ganz konkret und führen Sie diesen stichwortartig nach Ort, Zeit, Geschehensablauf und Schadensfolgen auf. Führen Sie die vorhandenen Beweismittel auf (z.B. Mängelprotokoll, Fotos). Wenn Sie Zeugen benennen, ist es besser, wenn Sie sich auf unabhängige Mitreisende berufen, die Sie vorher nicht kannten. Und es gilt: Besser ein Zeuge zu viel als zu wenig.

Musterbrief: Mängelanzeige

Ich habe bei Ihnen die im Betreff näher bezeichnete Reise gebucht. Ich zeige Ihnen hiermit folgende Reisemängel an ... [konkrete Beschreibung der Mängel], welche meine Reise als Ganzes erheblich beeinträchtigen.

Meine Angaben können ... [Benennung von Zeugen] bestätigen. Außerdem füge ich noch Fotos bei, die die geschilderten Umstände ebenfalls dokumentieren.

Die Höhe der Minderung richtet sich danach, um welchen Mangel es sich handelt, wie lange und wie stark die Reise dadurch eingeschränkt wurde. Feste Minderungsquoten gibt es nicht. Jeder Mangel ist anders, es kommt stets auf die konkreten Umstände des Einzelfalls an.

Checkliste: So mindern Sie den Reisepreis richtig

- Ihren Anspruch müssen Sie innerhalb eines Monats nach der vertraglich vorgesehenen Beendigung der Reise geltend machen (§ 651g Abs. 1 BGB).
- Die Minderung des Reisepreises sollten Sie gegenüber dem Reiseveranstalter schriftlich geltend machen. Übersenden Sie den Brief per Einschreiben mit Rückschein.
- Erläutern Sie ganz konkret den Reisemangel und führen Sie diesen stichwortartig nach Ort, Zeit, Geschehensablauf und Schadensfolgen auf. Führen Sie die vorhandenen Beweismittel auf (z.B. Mängelprotokoll, Fotos). Bringen Sie zum Ausdruck, dass Sie die Mängel angezeigt und vergeblich um Abhilfe gebeten haben.
- Sie können den Minderungsbetrag anhand einer Tabelle (siehe Tipp) schätzen, müssen sich aber nicht auf einen bestimmten Betrag festlegen.

Tipp

Eine Übersicht über die von Gerichten in Einzelfällen festgelegten Minderungsquoten gibt es z. B. unter www.adac.de.

Musterbrief: Minderung des Reisepreises

Ich habe bei Ihnen die im Betreff näher bezeichnete Reise gebucht. Während der Reise sind in der Zeit vom ... bis ... folgende Mängel aufgetreten: ... [konkrete Beschreibung der Mängel]. Diese Reisemängel habe ich am ... bei Ihrer Reiseleitung vor Ort angezeigt und vergeblich um Abhilfe gebeten. Eine Kopie der Mängelanzeige lege ich diesem Brief bei. Außerdem füge ich noch Fotos bei, die die geschilderten Umstände ebenfalls dokumentieren.

Mein Aufenthalt war daher erheblich beeinträchtigt. Ich verlange von Ihnen hiermit eine angemessene Minderung des Reisepreises für die betroffenen Urlaubstage. [Gegebenenfalls Zusatz: Ich halte eine Minderung in Höhe von ... Prozent des Reisepreises für gerechtfertigt; dies entspricht einem Betrag von ... Euro].

Bitte überweisen Sie den Minderungsbetrag bis spätestens ... auf mein Konto ...

08

WENN DER REISENDE DEN REISEVERTRAG KÜNDIGEN WILL

Bei besonders schweren Reisemängeln, die die Reise erheblich beeinträchtigen, kann der Reisevertrag gekündigt und der Urlaub vorzeitig abgebrochen werden (§ 651e Abs. 1 Satz 1 BGB). Ob eine erhebliche Beeinträchtigung der Reise vorliegt, hängt von den Gesamtumständen der Reise ab. Bei der Gesamtbeurteilung sind insbesondere der Zweck (z. B. Erholungsreise) und der Charakter (z. B. Pauschalreise mit Kulturprogramm, Erholungs-, Sportreise) der Reise sowie die Dauer und der Umfang der Mängel einzubeziehen. Insgesamt muss der Reisemangel ein besonderes Gewicht haben und die Reise entwerten. Gerichte beurteilen es jeweils unterschiedlich, wann von einer erheblichen Beeinträchtigung auszugehen ist: Die Spanne bewegt sich zwischen 30 bis 50 Prozent, um die der Reisepreis wegen des Mangels gemindert werden kann.

Die Kündigung ist z. B. zulässig, wenn das Hotel überbucht und vom Reiseveranstalter eine geringwertigere Ersatzunterkunft zur Verfügung gestellt wird. Aber auch, wenn der Abflugtermin bei einer sechstägigen Reise um 15 Stunden überschritten wird. Abgelehnt wurde von der Rechtsprechung als mängelbedingter Kündigungsgrund, wenn der Strand überfüllt und verschmutzt ist oder die Abflugzeit um zehn Stunden vorverlegt wird.

Wichtiger Grund

Der Reisende kann den Reisevertrag auch dann kündigen, wenn ihm die Reise wegen eines Mangels aus wichtigem, dem Reiseveranstalter erkennbaren Grund nicht zuzumuten ist (§ 651e Abs. 1 Satz 2 BGB). Hier ist der Mangel der Reise zwar nicht objektiv schwerwiegend, gerade subjektiv ist dem betroffenen Reisenden aber der Antritt oder die Fortsetzung der Reise aus wichtigem, dem Reiseveranstalter erkennbaren Grund (z. B. Gehbehinderung) nicht zuzumuten.

Einem Reisenden mit Handicap wird als Ersatzquartier ein zwar gleichwertiges, aber nicht behindertengerechtes Hotel angeboten.

Voraussetzung für die Kündigung ist, dass der Reisende den Reisemangel angezeigt und Abhilfe innerhalb angemessener Frist verlangt hat. Lediglich wenn Abhilfe unmöglich ist oder vom Reiserveranstalter verweigert wird oder wenn die sofortige Kündigung des Vertrages durch ein besonderes Interesse des Reisenden gerechtfertigt wird, kann eine solche Fristsetzung entfallen (§ 651e Abs. 2 BGB). Das ist z. B. der Fall, wenn das Hotel überbucht und vom Reiseveranstalter eine geringwertigere Ersatzunterkunft zur Verfügung gestellt wird oder der Abflugtermin bei einer sechstägigen Reise um 15 Stunden überschritten wird.

Checkliste: So kündigen Sie den Reisevertrag richtig

- Die Kündigung erfolgt gegenüber dem Reiseveranstalter und muss an diesen oder an einen Empfangsbevollmächtigten (z.B. die örtliche Reiseleitung) gerichtet werden. Kündigen Sie den Reisevertrag aus Beweisgründen schriftlich.
- Kündigen Sie umgehend nach Auftreten des Mangels. Wenn Sie noch einige Zeit am Urlaubsort verbleiben, könnte man annehmen, dass der Reisemangel nicht so erheblich sein kann und Ihnen die Fortsetzung der Reise zumutbar ist.
- Erläutern Sie ganz konkret den erheblichen Reisemangel und führen Sie diesen stichwortartig nach Ort, Zeit, Geschehensablauf und Schadensfolgen auf. Bringen Sie zum Ausdruck, dass Sie die Mängel angezeigt und vergeblich um Abhilfe gebeten haben.
- Fordern Sie den Reiseveranstalter auf, Sie vom Urlaubsort zurückzubefördern und die anfallenden Mehrkosten zu übernehmen. Dazu ist der Reiseveranstalter verpflichtet (vgl. § 651e Abs. 4 BGB).

Musterbrief: Kündigung des Reisevertrags

Hiermit kündige ich die im Betreff näher bezeichnete Reise wegen erheblicher Reisemängel, aufgrund derer mir die Fortsetzung der Reise nicht zumutbar ist.

Mit Schreiben vom ... habe ich Ihnen folgende Mängel angezeigt: ... [konkrete Beschreibung der Mängel] und darum gebeten, die Mängel bis spätestens zum ... zu beseitigen. Eine Kopie meines Abhilfeverlangens lege ich diesem Schreiben bei.

Trotz meiner Mängelanzeige wurde der Mangel nicht behoben. Im vorliegenden Fall handelt es sich um einen erheblichen Reisemangel, der meine Reise erheblich beeinträchtigt, weil ... [Begründung einfügen].

Ich sehe mich deshalb gezwungen, den Reisevertrag mit sofortiger Wirkung zu kündigen.

Ich fordere Sie auf, für mich umgehend die Heimreise zu organisieren. Andernfalls werde ich die Heimreise selber organisieren und neben weiteren Forderungen auch hierfür Kostenerstattung verlangen.

WENN DER REISENDE SCHADENERSATZ GELTEND MACHEN WILL

Neben der Minderung des Reisepreises und der Kündigung des Reisevertrags hat der Reisende für zusätzliche Vermögenseinbußen und Aufwendungen, die über den Reisepreis hinausgehen, Anspruch auf Schadenersatz. Als vertragliche Ansprüche kommen Schadenersatz wegen Nichterfüllung des Reisevertrags und wegen nutzlos aufgewendeter Urlaubszeit in Betracht.

Schadenersatz wegen Nichterfüllung

Nachweis des Schadens

Neben dem Recht auf Minderung oder der Kündigung kann der Reisende vom Reiseveranstalter Schadenersatz wegen Nichterfüllung verlangen, wenn dieser den Reisemangel verschuldet hat (§ 651f Abs. 1 BGB). Dass ein Reisemangel vorliegt und dem Reisenden deshalb ein Schaden entstanden ist, muss dieser nachweisen. Dagegen wird das Verschulden des Reiseveranstalters gesetzlich vermutet, das heißt, nicht der Kunde muss beweisen, dass der Reiseveranstalter den Reisemangel verschuldet hat, sondern der Reiseveranstalter muss beweisen, dass er für den Reisemangel nicht verantwortlich ist. Dabei hat der Reiseveranstalter auch für ein Verschulden seiner Erfüllungsgehilfen (z. B. des Reiseleiters) einzustehen.

Checkliste: So machen Sie Schadenersatz wegen Nichterfüllung richtig geltend

- Ihren Schadenersatzanspruch sollten Sie gegenüber dem Reiseveranstalter schriftlich geltend machen. Übersenden Sie den Brief per Einschreiben mit Rückschein.
- Ihren Anspruch müssen Sie innerhalb eines Monats nach dem vertraglich vorgesehenen Reiseende geltend machen (§ 651g Abs. 1 BGB).
- Erläutern Sie ganz konkret den Reisemangel, den Ihnen entstandenen materiellen Schaden und wie dieser mit dem Mangel zusammenhängt.
- Beziffern und belegen Sie den Ihnen entstandenen Schaden. Setzen Sie dem Reiseveranstalter eine Zahlungsfrist.

Musterbrief: Schadenersatz wegen Nichterfüllung

Ich habe bei Ihnen die im Betreff näher bezeichnete Reise gebucht. Während der Reise ist folgender Mangel aufgetreten: ... [konkrete Beschreibung des Mangels]. Darüber hinaus ist mir durch diesen Mangel folgender Schaden entstanden ... [konkrete Beschreibung des Schadens und der Verletzungen sowie des Ursachenzusammenhangs zwischen Reisemangel und Schaden]. Den entstandenen Schaden weise ich durch die in Kopie beigefügten Belege nach.

Ich mache hiermit Schadenersatz in Höhe von ... Euro geltend und fordere Sie auf, mir diesen Betrag bis spätestens zum ... auf mein Konto ... zu überweisen.

Tipp

Wenn Sie vom Reiseveranstalter Schadenersatz wegen Nichterfüllung geltend machen wollen, sollten Sie sich vorher bei Ihrer Verbraucherzentrale beraten lassen oder einen fachkundigen Anwalt einschalten. Die Rechtslage ist einigermaßen kompliziert und in der Praxis gibt es immer wieder Probleme mit der Beweisführung.

Schadenersatz wegen nutzlos aufgewendeter Urlaubszeit

Wenn die Reise erheblich beeinträchtigt wurde, kann der Kunde eine angemessene Geldentschädigung auch wegen nutzlos aufgewendeter Urlaubszeit verlangen (§ 651f Abs. 2 BGB). Viele Gerichte gehen davon aus, dass die Reise dann erheblich beeinträchtigt ist, wenn der vorhandene Mangel den Reisenden zu einer Minderung des Reisepreises von 50 Prozent berechtigen würde.

Checkliste: So machen Sie Schadenersatz wegen nutzlos aufgewendeter Urlaubszeit richtig geltend

- Ihren Schadenersatzanspruch sollten Sie gegenüber dem Reiseveranstalter schriftlich geltend machen. Übersenden Sie den Brief per Einschreiben mit Rückschein.
- Ihren Anspruch müssen Sie innerhalb eines Monats nach dem vertraglich vorgesehenen Reiseende geltend machen (nachdem Sie von Ihrer Reise zurückgekehrt sind streichen)
- Erläutern Sie ganz konkret den Reisemangel und führen Sie diesen stichwortartig nach Ort, Zeit, Geschehensablauf und Schadensfolgen auf. Führen Sie die vorhandenen Beweismittel auf (z.B. Mängelprotokoll, Fotos). Bringen Sie zum Ausdruck, dass Sie die Reiseleitung unter Fristsetzung zur Beseitigung des Mangels aufgefordert haben und diese Frist erfolglos abgelaufen ist.
- Verlangen Sie eine Entschädigung wegen nutzlos aufgewendeter Urlaubszeit. Setzen Sie dem Reiseveranstalter eine Zahlungsfrist.

Tipp

Wenn Sie beim Reiseveranstalter Schadenersatz wegen nutzlos aufgewendeter Urlaubszeit geltend machen wollen, sollten Sie sich bei Ihrer Verbraucherzentrale beraten lassen oder einen fachkundigen Anwalt einschalten. Die Rechtslage ist einigermaßen kompliziert und in der Praxis gibt es immer wieder Probleme mit der Beweisführung.

Musterbrief: Schadenersatz wegen nutzlos aufgewendeter Urlaubszeit

Ich habe bei Ihnen die im Betreff näher bezeichnete Reise gebucht. Während der Reise sind folgende Mängel aufgetreten: ... [konkrete Beschreibung der Mängel]. Diese Reisemängel habe ich am ... bei Ihrer Reiseleitung vor Ort angezeigt und vergeblich um Abhilfe gebeten.

Mein Aufenthalt war daher erheblich beeinträchtigt, sodass ich meine Urlaubszeit nutzlos aufgewendet habe. Hierfür erwarte ich von Ihnen eine Entschädigung in Höhe von ... Euro pro Tag. Bitte überweisen Sie den Gesamtbetrag in Höhe von ... Euro bis spätestens ... auf mein Konto ...

Für die Höhe der Entschädigung sind die konkreten Umstände des Einzelfalls maßgebend, insbesondere der Reisepreis und die Reisedauer. Nicht berücksichtigt werden dürfen die Einkommensverhältnisse des Reisenden, somit haben auch nicht erwerbstätige Reisende (z. B. Hausfrauen, Studenten) Anspruch auf Entschädigung für nutzlos aufgewendete Urlaubszeit. Viele Gerichte nehmen als Bezugsgröße für die Entschädigung den Tagesreisepreis für einen zu 100 Prozent vertanen Tag.

RECHT HABEN UND RECHT BEKOMMEN

09

Recht haben und Recht bekommen sind bekanntlich nicht dasselbe. Bei einem Rechtsstreit kann guter Rat im wahrsten Sinne des Wortes teuer werden. Wenn der Kunde mit dem Anbieter im Clinch liegt, kann er – bevor er den Rechtsweg beschreitet und den Streit gerichtlich austrägt – eine außergerichtliche Streitschlichtung veranlassen. In einigen Bundesländern ist ein solches außergerichtliches Güte- und Schlichtungsverfahren sogar gesetzlich vorgeschrieben, bevor eine Klage erhoben werden kann.

AUSSERGERICHTLICHE STREITSCHLICHTUNG

Mangelhafte Ware, schlechte Arbeit des Handwerkers, Ärger mit der Versicherung, der Bank oder dem Telefonanbieter – ein außergerichtliches Verfahren zur Beilegung des Streits ist einer langwierigen und kostspieligen gerichtlichen Auseinandersetzung vorzuziehen. Wenn man mit der Entscheidung oder Empfehlung der Schiedsstelle nicht einverstanden ist, kann man danach immer noch das Gericht anrufen. Der umgekehrte Weg jedoch ist nicht möglich: Ist ein Gericht mit einem Fall betraut, bleibt der Weg zur Schlichtungsstelle versperrt.

AUSSERGERICHTLICHE STREITSCHLICHTUNG MIT HANDWERKERN

Die Handwerkskammern sind gesetzlich verpflichtet, Schlichtungsstellen zur außergerichtlichen Streitbeilegung einzurichten. Diese sind zur Unabhängigkeit verpflichtet. Sie können eine schnelle und kostengünstige Alternative zu einer gerichtlichen Auseinandersetzung sein. Ziel der Schlichtung ist es immer, dass am Ende alle im Schlichtungsverfahren zutage getretenen rechtlichen und fachlichen Probleme so umfassend geregelt sind, dass sich ein gerichtliches Verfahren erübrigt.

Gütliche Einigung

Ob Handwerker oder Kunde, jeder kann die Schlichtungsstelle in Anspruch nehmen, wenn es darum geht, einen Streit zu klären. Es wird eine gütliche Einigung angestrebt, die natürlich die Kompromissbereitschaft aller Beteiligten voraussetzt. Die Entscheidung des Schlichters wird erst verbindlich, wenn die Beteiligten sie annehmen. In der Regel ist die Schlichtung kostenlos. Wer die Schlichtungsstelle anruft, schließt damit den Rechtsweg keineswegs aus. Es ist jederzeit noch möglich, vor Gericht zu ziehen.

Neben den Vermittlungsstellen bei den Handwerkskammern haben vereinzelt auch regionale Innungen des Bau-Handwerks wie Sanitär-Heizung-Klima, Dachdecker oder Zimmerer ebenfalls Schiedsstellen eingerichtet. In einigen Bundesländern, wie Niedersachsen oder Rheinland-Pfalz, gibt es allgemeine Bauschlichtungsstellen, die sich mit Konflikten aus unterschiedlichen Baubereichen befassen.

Bei Ärgernissen mit Autowerkstätten kann man sich an die Schlichtungsstellen des Kraftfahrzeuggewerbes wenden. Dort wird unter anderem geklärt, ob eine Reparatur notwendig war, ob sie ordnungsgemäß durchgeführt wurde und ob die Kosten hierfür angemessen sind.

AUSSERGERICHTLICHE STREITSCHLICHTUNG MIT BANKEN

Auch Banken und Sparkassen machen Fehler – Überweisungen werden gar nicht oder zu spät ausgeführt, Darlehensverträge werden ungerechtfertigt gekündigt oder Vorfälligkeitsentschädigungen falsch berechnet. Hilft ein klärendes Gespräch mit der Bank nicht weiter, muss der Streit anderweitig entschieden oder beigelegt werden.

Außergerichtliche Streitschlichtung wird von den Verbänden der privaten und öffentlichen Banken, der Volks- und Raiffeisenbanken und den Sparkassen angeboten. Die jeweiligen Schlichtungsstellen arbeiten jeweils nach einer Verfahrensordnung. Das Beschwerdeverfahren ist in aller Regel für den Beschwerdeführer kostenfrei. Eine Schlichtung findet nicht statt, wenn sich bereits ein Gericht oder eine andere außergerichtliche Schlichtungsstelle mit dem Vorgang beschäftigt hat oder der Anspruch bereits verjährt ist.

Die Schlichtungsstelle entscheidet am Ende des Verfahrens über einen konkreten Rechtsanspruch des Kunden. Der

Tipp

Neben dem kostenfreien Verfahren hat der Gang zur Schlichtungsstelle einen weiteren Vorteil: Während die Beschwerde bei der Schlichtungsstelle bearbeitet wird, ist die Verjährung vielfach gehemmt. Die Ansprüche können also nicht verjähren. Ob der Schlichtungsantrag bei der angerufenen Stelle die Verjährung hemmen kann, muss in jedem Fall gesondert geprüft werden!

Schlichtungsspruch ist je nach Verfahrensordnung für die Bank bis zu einem bestimmten Beschwerdewert (z.B. 5.000 Euro bei privaten Banken) bindend. Dies gilt jedoch nicht für den Kunden. Ist er mit dem Ausgang des Schlichtungsverfahrens nicht einverstanden, kann er in jedem Fall sein Anliegen vor Gericht weiterverfolgen.

AUSSERGERICHTLICHE STREITSCHLICHTUNG MIT VERSICHERUNGEN

Tipp

Weiterer Vorteil neben der Kostenfreiheit: Während die Beschwerde beim Versicherungsombudsmann bearbeitet wird, ist die Verjährung gehemmt. Die Ansprüche können also nicht verjähren.

Die Versicherungswirtschaft hat als zentrale und abhängige Streitschlichtung den Ombudsmann eingerichtet. Ziel des Schlichtungsverfahrens ist es, möglichst viele Streitigkeiten außergerichtlich zu klären, Vergleiche zu vermitteln und rechtmäßige Entscheidungen zu treffen, damit beide Parteien schnell und unbürokratisch Rechtssicherheit erlangen. Der Ombudsmann prüft die Ansprüche von Versicherten kostenlos.

Um eine Beschwerde einzureichen, benötigt der Versicherungsnehmer keine rechtlichen Fachkenntnisse. Das Ombudsmannverfahren ist als einfacher Weg alternativ zur gerichtlichen Klage eingerichtet worden. Zuständig ist er nur bis zu einem Beschwerdewert von 100.000 Euro. Ob eine Beschwerde begründet ist, entscheidet der Ombudsmann nur anhand der ihm vorliegenden Fakten des Falles und ohne Beweisaufnahmen durch Zeugen oder Sachverständige. Weil diese vom Ombudsmann nicht angehört werden, übernimmt er nur Fälle, die er anhand der Faktenlage bearbeiten und entscheiden kann.

Das Beschwerdeverfahren endet, indem der Ombudsmann entweder eine Entscheidung trifft oder eine Empfehlung ausspricht.

Bis zu einem Beschwerdewert von 10.000 Euro trifft der Ombudsmann eine Entscheidung. Die Entscheidung ist für den Versicherer, nicht aber für den Beschwerdeführer bindend.

Bei einem Beschwerdewert von über 10.000 Euro bis 100.000 Euro spricht der Ombudsmann eine Empfehlung aus. Die Empfehlung ist weder für den Versicherer noch für den Beschwerdeführer bindend.

Eine Beschwerde gegen den Versicherer kann auch bei der Bundesanstalt für Finanzdienstleistungen, kurz BaFin, eingereicht werden. Diese kommt insbesondere in Betracht, wenn die Streitigkeit nicht im Schlichtungsverfahren beim Versicherungsombudsmann geklärt werden kann, also bei Streitigkeiten von über 100.000 Euro, oder wenn die inländische Versicherung nicht Mitglied im Versicherungsombudsmann e.V. ist.

Vorsicht
Allerdings kann die BaFin keine verbindliche Entscheidung zu Lasten des Versicherers treffen. Auch die Verjährung wird durch die Beschwerde bei der BaFin nicht gehemmt.

AUSSERGERICHTLICHE STREITSCHLICHTUNG MIT PERSONENVERKEHRSUNTERNEHMEN

Reisen per Bahn, Bus, Flugzeug oder Schiff können von Verkehrsunternehmen wie von Kunden noch so gut geplant und organisiert sein, es wird immer wieder zu Problemen kommen, die Anlass zur Beschwerde geben. Wer auf seine Reklamation keine zufriedenstellende Antwort erhält, kann sich an die Schlichtungsstelle für den öffentlichen Personenverkehr e.V. (söp) oder an eine regionale Schlichtungsstelle wenden.

Aufgabe der Schlichtungsstellen ist eine außergerichtliche und einvernehmliche Streitbeilegung in individuellen Streitfällen zwischen Reisenden und Verkehrsunternehmen. Die söp bietet ihre Dienstleistung bundesweit allen Kunden der Bahn-, Bus-, Flug- und Schiffsverkehrsunternehmen an, die sich am Schlichtungsverfahren beteiligen.

Dies ist grundsätzlich dann der Fall, wenn das Verkehrsunternehmen Mitglied im Trägerverein der söp ist. Im Bereich des Eisenbahnverkehrs ist die söp gegenwärtig für 99 Prozent der Fernreisenden und für 95 Prozent der Reisenden im Regionalverkehr die geeignete Ansprechpartnerin. Alle im Verband Deutscher Reeder (VDR) organisierten Mitgliedsunternehmen nehmen an der Streitschlichtung teil. Und auch große deutsche Fluggesellschaften wie die Lufthansa, Air Berlin, Condor und Germanwings sind der Schlichtungsstelle beigetreten. Auch der Verband der mehr als 100 in Deutschland tätigen ausländischen Airlines hat seinen Mitgliedern den Beitritt empfohlen.

Neben der söp helfen im öffentlichen Personennahverkehr Schlichtungs- und Ombudsstellen weiter. Das ist bei denen zum Teil auch unabhängig von einer jeweiligen Mitgliedschaft der Verkehrsunternehmen bei der jeweiligen Stelle möglich.

Schlichtungs- und Ombudsstellen für den öffentlichen Personenverkehr:

Baden-Württemberg: Ombudsstelle Nahverkehr Baden-Württemberg
c/o VDV-Landesgruppe Baden-Württemberg
Postfach 80 10 06
70510 Stuttgart
Telefon 0711 78 85 72 01
Telefax 0711 78 85 72 02
Mail: vdv.bw@mail.ssb-ag.de

Bayern: Ombudsstelle Nahverkehr Bayern
c/o VDV-Landesgruppe Bayern
Postfach 202052
80020 München
Telefon 089 470 24 84

Berlin / Brandenburg / Sachsen-Anhalt: Schlichtungsstelle für den öffentlichen Personenverkehr e.V. (söp)
Fasanenstraße 81
10623 Berlin
Telefon 030 6449933-0
Telefax 030 6449933-10
Mail: kontakt@soep-online.de
Internet: www.soep-online.de

Bremen / Niedersachsen: Nahverkehr SNUB – Schlichtungsstelle Niedersachsen und Bremen
Postfach 6025
30060 Hannover
Telefax 0511 16 68 96 20 00
Mail: kontakt@nahverkehr-snub.de
Internet: www.nahverkehr-snub.de

Hessen / Rheinland-Pfalz / Saarland: Schlichtungsstelle Nahverkehr Mitte e.V.
Mozartstraße 8
55118 Mainz
Telefax 06131 129 68 6
Mail: info@schlichtungsstelle-nahverkehr-mitte.de

Nordrhein-Westfalen: Schlichtungsstelle Nahverkehr Nordrhein-Westfalen e.V.
Mintropstr. 27
40215 Düsseldorf
Telefon 0211 38 09 380
Telefax 0211 38 09 666
Mail: info@schlichtungsstelle-nahverkehr.de

Die Schlichtungsempfehlung soll eine einvernehmliche außergerichtliche Lösung des Streitfalls ermöglichen. Allerdings ist die Empfehlung für keine der Parteien bindend. Nur wenn Beschwerdeführer und das Verkehrsunternehmen als Beschwerdegegner mit der Empfehlung oder einer vereinbarten Modifikation des Vorschlags ausdrücklich einverstanden sind, wird diese verbindlich. Im Übrigen steht den Beschwerdeführern in jedem Stadium des Schlichtungsverfahrens der Weg zu den ordentlichen Gerichten offen – auch nach einer möglicherweise gescheiterten Schlichtung.

Das Schlichtungsverfahren wird in der Regel von den Verkehrsunternehmen, teilweise ergänzend auch von der Politik finanziert. Für die Reisenden als Beschwerdeführer ist das Schlichtungsverfahren in allen Fällen kostenfrei. Sie tragen lediglich ihre eigenen Kosten, z.B. für Porto und Kopien oder die Einschaltung von Anwälten.

Für Fluggesellschaften, die sich keiner privat organisierten Stelle anschließen wollen, ist das Bundesamt für Justiz als staatlicher Schlichter zuständig. Dort ist ein Schlichtungsverfahren bei Zahlungsansprüchen bis zu 5.000 Euro zulässig.

AUSSERGERICHTLICHE STREITSCHLICHTUNG MIT TELEKOMMUNIKATIONSANBIETERN

Bei Streitigkeiten mit einem Telekommunikationsanbieter kann ein Schlichtungsverfahren bei der Bundesnetzagentur eingeleitet werden. Ein Antrag ist zulässig, wenn es bei dem Streit um die Verletzung von Kundenschutzvorschriften des Telekommunikationsgesetzes (z.B. die Beanstandung von Telefonrechnungen, die Sperre des Anschlusses oder Problemen bei Anbieterwechsel und Umzug) geht (vgl. dazu Seite 161 ff.).

Das Schlichtungsverfahren kann schriftlich oder online durchgeführt werden. Es zielt darauf ab, eine einvernehmliche Lösung zwischen den beiden Parteien zu finden. Der Streitfall darf nicht bereits vor Gericht rechtsanhängig sowie auch noch nicht Gegenstand eines Schlichtungsverfahrens gewesen sein. Der Kunde muss bereits den Versuch einer eigenen Einigung mit seinem Telekommunikationsanbieter unternommen haben. Schadenersatzansprüche des Kunden gegen seinen Telekommunikationsanbieter können nicht Gegenstand des Schlichtungsverfahrens sein.

Verweigert der Telekommunikationsanbieter die Teilnahme, findet kein Schlichtungsverfahren statt. Sobald dieser die Teilnahme erklärt, ist das Verfahren gebührenpflichtig. Die Gebühr beträgt mindestens 35 Euro und richtet sich nach dem Wert des Streitgegenstands.

GERICHTLICHES VERFAHREN

Manchmal lässt sich eine gerichtliche Auseinandersetzung nicht vermeiden, wenn man zu seinem Recht kommen will. Dann bleibt einem nur der Klageweg. Wer meint, einen Zahlungsanspruch zu haben, kann diesen Anspruch aber auch im Rahmen eines gerichtlichen Mahnverfahrens durchsetzen.

Vorsicht

Bevor ein Rechtsstreit gerichtlich ausgetragen wird ist zu prüfen, ob zunächst eine Gütestelle eingeschaltet werden muss. So ist z.B. in Baden-Württemberg und Bayern eine obligatorische Streitschlichtung bis zu einem Streitwert von 750 Euro vorgeschrieben. Andernfalls wird die Klage vom Gericht als unzulässig abgewiesen.

GERICHTLICHES KLAGEVERFAHREN

Für zivilrechtliche Streitigkeiten sind in erster Linie die Amts- und Landgerichte zuständig. Bei einem Wert von bis zu 5.000 Euro ist das Amtsgericht, bei einem höheren Streitwert ist das Landgericht sachlich zuständig. Örtlich zuständig ist grundsätzlich das Amts- oder Landgericht des Wohnorts der beklagten Partei.

Das gerichtliche Verfahren beginnt mit einer Klage, die beim Amts- oder Landgericht eingereicht werden muss. Beim Amtsgericht können Kläger und Beklagter das Verfahren selbst in die Hand nehmen, einen Anwalt müssen sie nicht einschalten. Ist das Landgericht zuständig, beträgt der Streitwert also mehr als 5.000 Euro, besteht Anwaltszwang. Kläger und

Tipp
Wer sich die schriftliche Einreichung einer ordnungsgemäßen Klage nicht zutraut und bei einem geringen Streitwert aus Kostengründen keine anwaltliche Hilfe in Anspruch nehmen will, kann sich an den Urkundsbeamten der Geschäftsstelle wenden und die Klage aufsetzen lassen.

Beklagter sind dann nicht in der Lage, vor Gericht aufzutreten und selbst wirksam Anträge zu stellen.

Beim Amtsgericht kann die Klage auch mündlich, und zwar zu Protokoll der Geschäftsstelle erklärt werden.

Bei einer Klage vor dem Zivilgericht muss der Kläger die Verfahrensgebühr schon im Voraus bezahlen. Andernfalls wird das Verfahren nicht eingeleitet. Wenn er den Prozess gewinnt, werden ihm diese Kosten von der Gegenseite erstattet.

Nachdem die Gegenseite zur Klage Stellung genommen hat, kommt es in der Regel zu einer mündlichen Verhandlung. Wenn möglich wird das Gericht den Parteien einen Vergleich vorschlagen. Ein solcher kann im beiderseitigen Interesse der streitenden Parteien liegen. Wenn beispielsweise über eine mangelhafte Leistung beim Kauf- oder Werkvertrag gestritten wird, vermag häufig erst ein kostenaufwendiges Sachverständigengutachten Aufschluss darüber geben, ob die Beanstandung des Kunden berechtigt ist. Allein aus Kostengründen kann es deshalb im Einzelfall ratsam sein, einen vom Gericht unterbreiteten Vergleichsvorschlag zu akzeptieren.

Einigen sich die Beteiligten, so ist der Prozess beendet. Aus dem Prozessvergleich kann die Zwangsvollstreckung wie aus einem Urteil betrieben werden. Andernfalls entscheidet das Gericht durch Urteil, nachdem es die notwendigen Beweise erhoben hat.

Wer mit dem Urteil des Amtsgerichts nicht zufrieden ist, kann sich in nächster Instanz an das Landgericht wenden. Dafür besteht ein Monat Zeit. Voraussetzung ist, dass der Streitwert über 600 Euro liegt oder das Amtsgericht die Berufung zugelassen hat. Dies geschieht zum Beispiel bei Rechtsproblemen, die eine grundsätzliche Bedeutung haben. Wird der Prozess in erster Instanz beim Landgericht geführt, muss die Berufung beim Oberlandesgericht eingelegt werden.

Durch die Erhebung der Klage wird die Verjährungsfrist gehemmt. Solange also das Klageverfahren läuft und mindestens weitere sechs Monate nach Abschluss des Verfahrens können Ansprüche nicht verjähren.

Vorsicht

Wer verliert, muss grundsätzlich die gesamten Kosten des Rechtsstreits tragen. Dazu gehören auch die Auslagen des Gegners, etwa für seinen Rechtsanwalt. Entscheidend ist, wer letztendlich unterliegt. Derjenige muss die Gesamtkosten aus allen Instanzen übernehmen.

GERICHTLICHES MAHNVERFAHREN

Geldforderungen, die von keiner ausstehenden Gegenleistung abhängig sind, können im Rahmen eines gerichtlichen Mahnverfahrens geltend gemacht werden (§§ 688 ff. Zivilprozessordnung). Dieses Verfahren ist nicht zu verwechseln mit einer klassischen Mahnung, die der Schuldner z.B. vom Verkäufer oder Mieter erhält. Beim gerichtlichen Mahnverfahren handelt es sich um ein Prozessverfahren, in dem einem Gläubiger (Antragsteller) für seine voraussichtlich unbestrittene Forderung gegen den Schuldner (Antragsgegner) auf einfachere und billigere Art und Weise ein vollstreckbarer Titel verschafft werden soll. Das Mahnverfahren ermöglicht die Vollstreckung einer Geldforderung ohne Klageerhebung, also auch ohne Urteil. Das Verfahren wird von einem Rechtspfleger oder sogar voll automatisiert durchgeführt, und zwar ohne dass geprüft wird, ob dem Antragsteller der Zahlungsanspruch tatsächlich zusteht.

Ziel des Verfahrens ist zunächst, einen Schuldner zur Zahlung zu bewegen. Am Ende des Mahnverfahrens steht jedoch der Vollstreckungsbescheid, also ein Vollstreckungstitel, mit dem der Gläubiger seine Geldforderung vollstrecken kann.

Das Mahnverfahren wird durch einen Antrag des Gläubigers beim zuständigen Amtsgericht eingeleitet. Dieser Antrag kann jederzeit gestellt werden. Der Antrag des Gläubigers auf Erlass eines Mahnbescheids erfolgt auf einem Formblatt.

In Schreibwarenläden sind amtliche Formulare (Vordrucke) erhältlich. Den Formularen sind Hinweise zum Ausfüllen des Antrags beigefügt. Für die Antragstellung kann auch ein von der Justiz angebotenes Onlineformular genutzt werden.

Das Amtsgericht prüft den Antrag auf formelle Richtigkeit und ob die Geltendmachung der Forderung im Mahnverfahren statthaft ist. Der Antrag selbst enthält keinerlei Begründung. Nach der formellen Prüfung erlässt das Gericht den Mahnbescheid.

Widerspruch

Der Schuldner hat nach Empfang des Mahnbescheides die Möglichkeit, gegen diesen Widerspruch zu erheben. Eine gesetzlich normierte Widerspruchsfrist gibt es nicht. Der Mahnbescheid enthält jedoch die Aufforderung, dem Gericht innerhalb von zwei Wochen ab Zustellung des Mahnbescheids mitzuteilen, ob und in welchem Umfang dem geltend gemachten Anspruch widersprochen wird. In jedem Fall kann ein Widerspruch nur bis zum Erlass eines Vollstreckungsbescheides erhoben werden. Ein verspäteter Widerspruch wird als Einspruch gegen den Vollstreckungsbescheid behandelt.

Hat der Antragsgegner nicht oder nicht rechtzeitig gegen den gesamten Anspruch Widerspruch erhoben und auch die Forderung des Gläubigers nicht vollständig beglichen, so kann das Amtsgericht auf Antrag des Gläubigers einen Vollstreckungsbescheid auf der Grundlage des nicht angefochtenen Mahnbescheids erlassen. Der Antrag darf frühestens zwei Wochen nach Zustellung des Mahnbescheids gestellt werden und muss spätestens sechs Monate nach dieser Zustellung beim zuständigen Gericht eingehen. Er muss die Erklärung enthalten, ob und welche Zahlungen inzwischen auf den per

Mahnbescheid geltend gemachten Anspruch geleistet worden sind.

Gegen den Vollstreckungsbescheid kann der Antragsgegner binnen zwei Wochen Einspruch einlegen. Geschieht dies nicht, wird dieser rechtskräftig. Wird rechtzeitig Einspruch eingelegt, folgt in der Regel ein Zivilprozess zur Klärung der Forderung. Der Gläubiger hat jedoch unabhängig davon die Möglichkeit, die Forderung schon mit Zwangsvollstreckungsmaßnahmen einzutreiben. Die sofortige Zwangsvollstreckung kann abgewendet werden, wenn neben dem Einspruch noch ein gesonderter „Antrag auf einstweilige Einstellung der Zwangsvollstreckung" gestellt wird. Einem solchen Antrag wird in der Regel aber nur stattgegeben, wenn eine Sicherheitsleistung gestellt wird.

Tipp

Auch durch das gerichtliche Mahnverfahren wird die Verjährungsfrist gehemmt. Solange also das Verfahren läuft und mindestens weitere sechs Monate nach Abschluss des Verfahrens können Ansprüche nicht verjähren.

Erhebt der Schuldner vor Erlass eines Vollstreckungsbescheides Widerspruch, am sichersten also innerhalb der Zweiwochenfrist nach Zustellung des Mahnbescheids, wird das Mahnverfahren nach Entrichtung der weiteren Gerichtskosten an das für den Rechtsstreit zuständige Gericht abgegeben, welches die Sache als Verfahren fortführt. Beim Widerspruch gegen den Mahnbescheid geschieht dies nur auf Antrag des Gläubigers oder Schuldners.

STICHWORTVERZEICHNIS

IMPRESSUM

Herausgeber
Verbraucherzentrale Nordrhein-Westfalen e. V.
Mintropstraße 27, 40215 Düsseldorf
Telefon: 02 11/38 09-5 55
Telefax: 02 11/38 09-2 35
Internet: www.vz-nrw.de
E-Mail: ratgeber@vz-nrw.de

Autor:	Otto N. Bretzinger
Fachliche Beratung:	Thomas Bradler, Markus Feck, Iwona Husemann, Beatrix Kaschel, Carolin Semmler, Elke Weidenbach
Herausgeber:	Dr. Frank Bräutigam
Koordination:	Frank Wolsiffer
Lektorat:	Mechthild Winkelmann
Produktion:	bretzinger : media.production, Baden-Baden
Satz:	typografie & layout, Evelyn Haller, Gaggenau
Gestaltungskonzept:	Ute Lübbeke, Köln, www.LNT-design.de
Umschlaggestaltung:	Ute Lübbeke, Köln, www.LNT-design.de
Umschlagfoto:	plainpicture/Elektrons 08
Druck/Bindung:	Kraft Druck GmbH, Ettlingen Gedruckt auf 100 Prozent Recyclingpapier

Redaktionsschluss: 15. Februar 2014